高职高专机电类专业系列教材

工业机器人基础操作与编程（ABB）

主　编　权　宁　　纪海宾　　詹国兵
参　编　王建华　　查剑林　　马士良　　邢方方
主　审　吉　智

机械工业出版社

本书通过项目式编排，将工业机器人的工作原理与实际工作任务有机地结合在一起，以"项目任务式驱动"为主线，以"典型工作站实训平台"为载体，根据典型工作站任务复杂程度，按照"循序渐进、由浅入深"的原则设置项目任务，为学生提供完成相关典型工作任务所需的相关知识，体现了课程结构的综合性与均衡性，注重培养学生的职业技能与职业素养。

本书共分为七个项目，以 ABB 工业机器人为例，主要介绍了工业机器人认知、工业机器人基本操作、搬运工作站编程与操作、码垛工作站编程与操作、焊接工作站编程与操作、视觉检测工作站编程与操作、机器人与 PLC 通信。

本书适合作为高等职业院校工业机器人技术专业、机电一体化技术专业以及装备制造类相关专业的教材，也可作为工程技术人员的参考资料和培训用书。

本书配有二维码，读者可扫码观看视频，直观了解基础操作。另外，凡使用本书作为教材的教师，可登录机械工业教育服务网（http://www.cmpedu.com），注册后免费下载本书的电子课件等资源。

图书在版编目（CIP）数据

工业机器人基础操作与编程：ABB/权宁，纪海宾，詹国兵主编. —北京：机械工业出版社，2020.8（2024.8重印）

高职高专机电类专业系列教材

ISBN 978-7-111-65895-5

Ⅰ.①工… Ⅱ.①权… ②纪… ③詹… Ⅲ.①工业机器人—操作—高等职业教育—教材 ②工业机器人—程序设计—高等职业教育—教材 Ⅳ.①TP242.2

中国版本图书馆 CIP 数据核字（2020）第 105672 号

机械工业出版社（北京市百万庄大街 22 号 邮政编码 100037）
策划编辑：王英杰 责任编辑：王英杰
责任校对：梁 静 封面设计：张 静
责任印制：单爱军
北京虎彩文化传播有限公司印刷
2024 年 8 月第 1 版第 5 次印刷
184mm×260mm · 13.25 印张 · 324 千字
标准书号：ISBN 978-7-111-65895-5
定价：39.90 元

电话服务 网络服务
客服电话：010-88361066 机 工 官 网：www.cmpbook.com
010-88379833 机 工 官 博：weibo.com/cmp1952
010-68326294 金 书 网：www.golden-book.com
封底无防伪标均为盗版 机工教育服务网：www.cmpedu.com

前言 PREFACE

随着德国"工业4.0"概念的提出,以"智能工厂、智慧制造"为主导的第四次工业革命已经悄然来临。在国际制造业面临转型升级、国内经济发展进入新常态的背景下,国务院于2015年5月发布了《中国制造2025》,工业机器人作为《中国制造2025》的第二个重点领域,在未来将扮演重要角色。随着工业机器人产业链的不断发展,企业对掌握工业机器人编程与应用技术人才的需求越来越紧迫。本书正是为满足这种形势发展需要而编写的。

本书共分为工业机器人认知、工业机器人基本操作、搬运工作站编程与操作、码垛工作站编程与操作、焊接工作站编程与操作、视觉检测工作站编程与操作、机器人与PLC通信七个项目,以ABB工业机器人操作与编程为主,引导学生开展自主学习,掌握、构建和深化知识与技能。

本书以典型工业机器人的结构和应用为突破口,系统介绍了工业机器人现场编程的相关知识,将重点知识点和技能点融入典型工作站项目实施过程中,满足了"项目引导、产教融合"的教学需求,具有如下特点:

1)以工业机器人搬运、码垛、焊接、视觉检测等典型工作站应用技能为核心,在项目中融入典型工作站案例作为训练样本,引导学生以团队形式开展自主学习,既能培养学生的团队合作精神,又可以进一步掌握、构建学生所需知识和技能,强化学生自主学习能力的培养。

2)全书遵循"任务驱动、项目导向",按照"由浅入深"的原则设置一系列学习任务,引领技术知识、实验实训,并在项目训练过程中嵌入核心知识点,改变知识点与实训相剥离的传统教材组织形式,为学生提供完成典型工作任务所需的知识与学习工具,便于教师采用项目教学法引导学生开展自主学习。

本书由权宁、纪海宾、詹国兵任主编,王建华、查剑林、马士良、邢方方参加了编写,权宁负责统稿,吉智任主审。在本书的编写过程中,北京华航唯实机器人科技股份有限公司、上海库茂机器人有限公司等企业提出了许多宝贵的建议和意见,并给予了大力支持,在此一并致谢。

在本书的编写过程中,编者参考了国内外一些资料,限于篇幅,参考文献只列出其中一部分。在此,谨向原作者及编者表示衷心感谢!

由于编者水平有限,书中难免出现错误和不妥之处,敬请同行及读者不吝批评指正。

编　者

目录 CONTENTS

项目一 工业机器人认知
PROJECT 1

【模块目标】

    了解机器人的起源，掌握机器人的定义、分类与用途，了解机器人的发展趋势；掌握机器人的结构组成与工作原理，掌握机器人的性能指标，了解两关节机器人及其迭代学习控制；掌握工业机器人常用传感器的分类，掌握各种常用内部传感器和外部传感器的工作原理，能初步使用各种传感器。

任务一　了解机器人基本知识

【任务目标】

    了解机器人的起源、发展历史，掌握机器人的定义与分类，了解机器人的发展趋势。

【学习内容】

一、机器人起源

    机器人的英文是 Robot。Robot 一词最早出现在 1920 年捷克作家卡雷尔·恰佩克（Karel Capek）所写的一个剧本中，这个剧本的名字为《Rossum's Universal Robots》（《罗萨姆的万能机器人》）。作者将剧中的人造劳动者取名为 Robota，捷克语的意思是"苦力"或"奴隶"。英语的 Robot 一词就是由此而来的，以后世界各国都用 Robot 作为机器人的代名词。

二、机器人的发展历史

1. 古代机器人

    古代机器人是现代机器人的雏形，人类对机器人的幻想与追求已有 3000 多年的历史。西周时期，我国的能工巧匠偃师研制出的歌舞艺人，是我国最早记载的机器人。春秋后期，据《墨子·鲁问》记载，鲁班曾制造过一只木鸟，能在空中飞行"三日不下"。公元前 2 世纪，古希腊人发明了最原始的机器人——塔罗斯，它是以水、空气和蒸汽压力为动力的会动的青铜雕像，它可以自己开门，还可以借助蒸汽唱歌。我国汉代的科学家张衡不仅发明了地动仪，而且发明了计里鼓车。计里鼓车每行一里，车上木人击鼓一下，每行十里击钟一下。

三国时期，诸葛亮成功地创造出了"木牛流马"，并用其在崎岖山路中运送军粮，支援前方战争。

1662 年，日本的竹田近江利用钟表技术发明了自动机器玩偶，并在大阪的道顿堀演出。1738 年，法国技师杰克·戴·瓦克逊发明了一只机器鸭，它会嘎嘎叫，会游泳和喝水，还会进食和排泄。1773 年，瑞士钟表匠杰克·道罗斯和他的儿子利·路易·道罗斯制造出了自动书写玩偶、自动演奏玩偶等。他们制造的自动玩偶是利用齿轮和发条原理制成的，它们有的拿着画笔和颜色绘画，有的拿着鹅毛蘸墨水写字，其结构巧妙，服装华丽，在欧洲风靡一时。1927 年，美国西屋公司工程师温兹利制造了机器人"电报箱"，并在纽约举行的世界博览会上展出。它是一个电动机器人，装有无线电发报机，可以回答一些问题，但该机器人不能走动。

2. 现代机器人

第二次世界大战期间（1939—1945），由于核工业和军事工业的发展，德国最先研制了"遥控操纵器"，主要用于放射性材料的生产和处理过程。1947 年，德国对这种较简单的机械装置进行了改进，采用电动伺服方式，使其从动部分能跟随主动部分运动，称为"主从机械手"。随着先进飞机制造的发展，1949 年，美国麻省理工学院辐射实验室（MIT Radiation Laboratory）开始研制数控铣床，并于 1953 年研制成功能按照模型轨迹做切削动作的多轴数控铣床。1959 年，美国人乔治·德沃尔（George C. Devol）设计制作了世界上第一台机器人实验装置，并发表了题为《适用于重复作业的通用性工业机器人》的文章，它是一种"可编程""示教再现"机器人。

20 世纪 60 年代，机器人产品正式问世，机器人技术开始形成。1960 年，美国联合控制公司根据德沃尔的专利技术，研制出了第一台真正意义上的工业机器人，并成立了 Unimation 公司，开始定型生产名为 Unimate 的工业机器人。两年后，美国机械铸造公司（AMF）也生产了另一种可编程工业机器人 Versatran。20 世纪 70 年代，机器人产业得到蓬勃发展，机器人技术发展成为专门学科，称为机器人学（Robotics）。机器人的应用领域进一步扩大，不同的应用场所，导致了各种坐标系统、各种结构的机器人相继出现，大规模集成电路和计算机技术的飞跃发展使机器人的控制性能大大提高，成本不断下降。20 世纪 80 年代开始进入智能机器人研究阶段，不同结构、不同控制方法和不同用途的工业机器人在工业发达国家真正进入了实用化的普及阶段。随着传感技术和智能技术的发展，机器人视觉、触觉、力觉、接近觉等项研究和应用，大大提高了机器人的适应能力，扩大了机器人的应用范围，促进了机器人的智能化进程。

三、 机器人的定义与分类

原美国国家标准局（NBS）的机器人定义："机器人是一种能够进行编程并在自动控制下执行某些操作和移动作业任务的机械装置。"美国机器人协会（RIA）的机器人定义："机器人是用以搬运材料、零件、工具的可编程序的多功能操作器或是通过可改变程序动作来完成各种作业的特殊机械装置。"日本工业机器人协会（JIRA）的机器人定义："工业机器人是一种装备有记忆装置和末端执行器（End Effector）的，能够转动并通过自动完成各种移动来代替人类劳动的通用机器。"

国际标准化组织（ISO）的机器人定义："机器人是一种自动的、位置可控的、具有编程能力的多功能机械手，这种机械手具有几个轴，能够借助于可编程序操作来处理各种材料、零件、工具和专用装置，以执行种种任务。"

机器人的一般定义是自动执行工作的机器装置。它既可以接受人类指挥，又可以运行预先编排的程序，也可以根据以人工智能技术制定的原则纲领行动。它的任务是协助或取代人类的工作，例如在制造业、建筑业等中的工作，或是危险的工作。

一般认为机器人应具有的共同点为：①机器人的动作机构具有类似于人或其他生物的某些器官的功能；②是一种自动机械装置，可以在无人参与下（独立性），自动完成多种操作或动作功能，即具有通用性；可以再编程，程序流程可变，即具有柔性（适应性）；③具有不同程度的智能性，如记忆、感知、推理、决策、学习。

机器人的种类很多，可以按发展历程、驱动形式、负载能力、用途、坐标系等分类。

1. 按发展历程分类

机器人按照从低级到高级的发展历程可分为 3 类。

1）第一代机器人（First Generation Robots）：即可编程、示教再现的工业机器人，已进入商品化、实用化。

2）第二代机器人（Second Generation Robots）：装备有一定的传感装置，能获取作业环境、操作对象的简单信息，通过计算机处理、分析，能进行简单的推理，对动作进行反馈的机器人。通常称为低级智能机器人。由于信息处理系统的庞大与昂贵，第二代机器人目前只有少数可投入应用。

3）第三代机器人（Third Generation Robots）：具有高度适应性的自治机器人。它具有多种感知功能，可进行复杂的逻辑思维、判断决策，在作业环境中独立行动。第三代机器人又称作高级智能机器人，它与第五代计算机关系密切，目前还处于研究阶段。

2. 按驱动形式分类

1）气压驱动：即利用气压传动装置与技术实现机器人驱动。

2）液压驱动：即利用液压传动装置与技术实现机器人驱动。

3）电驱动：即利用电传动装置与技术实现机器人驱动。目前，电驱动是机器人的主流形式，又分为直流伺服驱动和交流伺服驱动等。

3. 按负载能力分类

1）超大型机器人：负载能力为 1000kg 以上。

2）大型机器人：负载能力为 100～1000kg。

3）中型机器人：负载能力为 10～100kg。

4）小型机器人：负载能力为 0.1～10kg。

5）超小型机器人：负载能力为 0.1kg 以下。

4. 按用途分类

1）工业机器人：工业场合应用的机器人，如弧焊机器人、点焊机器人、搬运机器人、装配机器人、喷涂机器人、雕刻机器人、打磨机器人等。

2）特种机器人：特殊场合应用的机器人，如空间机器人、水下机器人、军用机器人、服务机器人、医疗机器人、排险救灾机器人和教学机器人等。

工业机器人和特种机器人的主要用途如图 1-1 和图 1-2 所示。

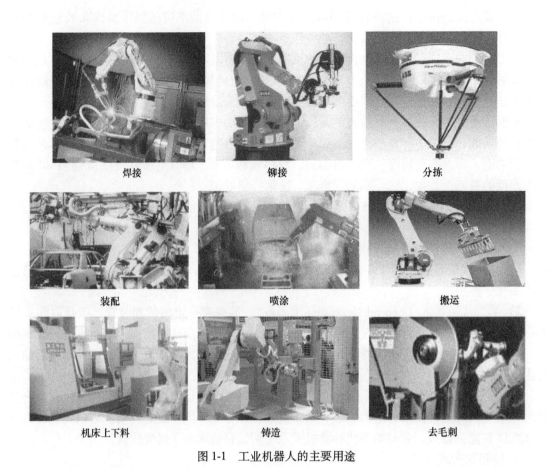

焊接　　　　　　　　铆接　　　　　　　　分拣

装配　　　　　　　　喷涂　　　　　　　　搬运

机床上下料　　　　　　铸造　　　　　　　　去毛刺

图 1-1　工业机器人的主要用途

Spirit 火星漫游车　　　　"双鹰"水下机器人　　　　"徘徊者"侦察机器人

美国"别动队"无人机　　　导盲机器人　　　　医疗机器人

图 1-2　特种机器人的主要用途

足球机器人 　　AIBO 机器狗 　　管内机器人

消防机器人 　　室外保安机器人 　　德国排爆机器人 　　防爆机器人

图 1-2 特种机器人的主要用途（续）

5. 按坐标系分类

一般可以分为 4 类，如图 1-3 所示。

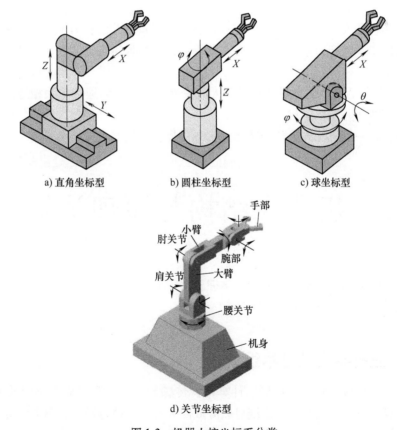

a) 直角坐标型 　　b) 圆柱坐标型 　　c) 球坐标型

d) 关节坐标型

图 1-3 机器人按坐标系分类

1) 直角坐标型机器人：只具有移动关节的机器人。
2) 圆柱坐标型机器人：具有一个转动关节，其余为移动关节的机器人。
3) 球坐标型机器人：具有两个转动关节，其余为移动关节的机器人。
4) 关节坐标型机器人：具有三个或三个以上转动关节的机器人。

四、机器人的发展趋势

1. 小型化与微型化

目前，微型机器人大多还处于实验室或原型开发阶段，但可以预见，未来微型机器人将广泛出现。

由德国工程师莱纳尔·格茨恩发明的微型机器人，可直接由针头注射进入人体血管、尿道、胆囊或肾脏。它依靠微型磁铁驱动器前进，由医生通过遥控器指挥，既可用于疾病诊断，也可用于如动脉硬化、胆结石等管腔阻塞类的疾病治疗，还能听从医生指挥，将药物直接送达需要医治的患病器官，以取得更好的治疗效果。当这种微型机器人工作完成后，医生便可以像抽血那样用针头将它抽出来。

未来，将会出现能进入工业上的小管道甚至裂缝，进行检测与维护的工业用微型机器人，以及各种微型传感器、微型机电产品，如掌上电视等。在军事上，将有小如昆虫的飞行器，用于侦察敌情；装有自动驾驶系统，能在海底航行数年的微型潜艇等。

2. 智能化

现在的智能机器人，它的智力最高也只相当于两三岁幼儿的智力水平。未来，高智能的机器人将越来越多，其智力水平也一定会不断提高，慢慢地达到七八岁、十几岁少年甚至青年人的智力水平。

20世纪90年代后期，为促进智能机器人的发展，日本、韩国等国家相继发起并举行机器人足球世界杯赛，并成立了相应的协会。机器人足球赛涉及多机器人的动作协调、系统控制等前沿课题，每一场机器人足球赛实际上都是世界各国机器人发展水平的一场较量。

任务二 机器人结构与原理认知

【任务目标】

掌握机器人的结构组成与工作原理，掌握机器人的性能指标，了解最简单的机器人——两关节机器人及其迭代学习控制。

【学习内容】

一、工业机器人的基本组成

工业机器人是机械、电子、控制、计算机、传感器、人工智能等多学科技术的有机结合。从控制观点来看，工业机器人系统可以分成四大部分：执行机构、驱动装置、控制系统和感知反馈系统，如图1-4所示。

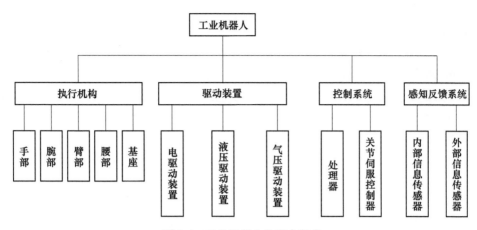

图 1-4　工业机器人的基本组成

1. 执行机构

执行机构包括手部、腕部、臂部、腰部和基座等，相当于人的肢体。

2. 驱动装置

驱动装置包括驱动源、传动机构等。驱动源分为电驱动、液压驱动和气压驱动，其中电驱动是主流。驱动装置相当于人的肌肉、筋络。

3. 控制系统

控制系统包括处理器和关节伺服控制器等，进行任务及信息处理，并给出控制信号，相当于人的大脑和小脑。

4. 感知反馈系统

感知反馈系统包括内部信息传感器（检测位置、速度等信息）和外部信息传感器（检测机器人所处的环境信息），相当于人的感官和神经。

二、 工业机器人的机械结构

1. 机身部分

如同机床的床身结构，工业机器人机身构成工业机器人的基础支撑。有的机身底部安装有工业机器人行走机构；有的机身可以绕轴线回转，构成工业机器人的腰。

2. 手臂部分

手臂部分分为大臂、小臂和手腕，完成各种动作。

3. 末端操作器

末端操作器可以是拟人的手掌和手指，也可以是各种作业工具，如焊炬、喷涂枪等。

4. 关节

关节分为滑动关节和转动关节，实现机身、手臂各部分、末端操作器之间的相对运动。

三、 工业机器人技术参数

1. 自由度数

自由度数是衡量机器人适应性和灵活性的重要指标，一般等于机器人的关节数。工业机器人所需要的自由度数决定于其作业任务。

2. 负荷能力

负荷能力是指工业机器人在满足其他性能要求的前提下，能够承载的负荷重量。

3. 工作空间

工作空间是工业机器人在其工作区域内可以达到的所有点的集合。它是工业机器人关节长度和其构型的函数。

4. 精度

精度是指工业机器人到达指定点的精确程度。它与工业机器人驱动器的分辨率及反馈装置有关。

5. 重复定位精度

重复定位精度是指工业机器人重复到达同样位置的精确程度。它不仅与工业机器人驱动器的分辨率及反馈装置有关，还与传动机构的精度及工业机器人的动态性能有关。

6. 控制模式

控制模式包括引导或点到点示教模式、连续轨迹示教模式、软件编程模式、自主模式等。

7. 最大工作速度

最大工作速度包括各关节的最大工作转速和工业机器人末端（工具坐标系原点（TCP）］的最大线速度和最大转度。

四、 工业机器人工作原理

工业机器人的工作原理就是模仿人的各种肢体动作、思维方式和控制决策能力。从控制的角度，工业机器人可以通过如下4种方式来达到这一目标。

1. 示教再现方式

示教再现方式通过"示教盒"或人"手把手"两种方式教机械手如何动作，控制器将示教过程记忆下来，然后工业机器人就按照记忆周而复始地重复示教动作，如喷涂机器人。

示教再现方式是一种基本的工作方式，分为示教、存储、再现三步进行。

（1）示教 示教方式有两种，即直接示教——手把手和间接示教——示教盒控制。

（2）存储 保存示教信息，包括顺序信息、位置信息和时间信息。顺序信息包括各种动作单元（包括机械手和外围设备）按动作先后顺序的设定、检测等。位置信息包括作业之间各点的坐标值，包括手爪在该点上的姿态，通常总称为位姿（Pose）。时间信息包括各顺序动作所需时间，即工业机器人完成各个动作的速度。

（3）再现 根据需要，读出存储的示教信息向工业机器人发出重复动作的命令。

2. 可编程控制方式

可编程控制方式是工作人员事先根据工业机器人的工作任务和运动轨迹编制控制程序，然后将控制程序输入给工业机器人的控制器，启动控制程序，工业机器人就按照程序所规定的动作一步一步地去完成。如果任务变更，只需要修改或重新编写控制程序，非常灵活方便。大多数工业机器人都是按照前两种方式工作的。

3. 遥控方式

遥控方式通常是指由人用有线或无线遥控器控制工业机器人在人难以到达或危险的场所完成某项任务，应用范围包括防爆排险机器人、军用机器人、在有核辐射和化学污染环境下工作的机器人等。

4. 自主控制方式

这是工业机器人控制中最高级、最复杂的控制方式，它要求工业机器人在复杂的非结构化环境中具有识别环境和自主决策能力，也就是要具有人的某些智能行为。

工业机器人控制的目的是使被控对象产生控制者所期望的行为方式，如图 1-5 所示，研究人员搭建被控对象模型，实现输出跟随输入的变化。

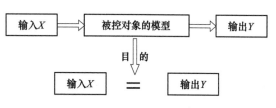

图 1-5　工业机器人的控制原理

五、 两关节机器人的 PD 迭代控制

以两关节机器人为例，在简化工业机器人驱动器的执行元件和减速器后，两关节机器人模型如图 1-6 所示。

两关节机器人的动态性能可由二阶非线性微分方程描述，即

$$M(q)\ddot{q} + C(q, \dot{q})\dot{q} + G(q) + F(\dot{q}) = \tau - \tau_d \tag{1-1}$$

式中，$q \in \mathbf{R}^n$，为关节角位移量，n 为关节数（本例中 $n = 2$）；$M(q) \in \mathbf{R}^{n \times n}$，为工业机器人的惯量矩阵；$C(q, \dot{q}) \in \mathbf{R}^n$，为离心力和哥氏力项；$G(q) \in \mathbf{R}^n$，为重力项；$F(\dot{q}) \in \mathbf{R}^n$，为摩擦力矩；$\tau \in \mathbf{R}^n$，为控制力矩，$\tau_d \in \mathbf{R}^n$，为外加扰动；且满足

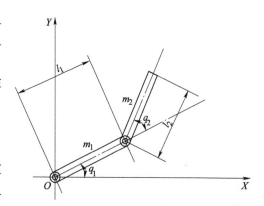

图 1-6　两关节机器人简化模型

$$M(q) = \begin{pmatrix} m_1 l_{c1}^2 + m_2(l_1^2 + l_{c2}^2 + 2l_1 l_{c2}\cos q_2) + I_1 + I_2 & m_2(l_{c2}^2 + l_1 l_{c2}\cos q_2) + l_2 \\ m_2(l_{c2}^2 + l_1 l_{c2}\cos q_2) + l_2 & m_2 l_{c2}^2 + I_2 \end{pmatrix}$$

$$C(q, \dot{q}) = \begin{bmatrix} h\dot{q}_2 & h\dot{q}_1 + h\dot{q}_2 \\ -h\dot{q}_1 & 0 \end{bmatrix}$$

$$G(q) = \begin{bmatrix} (m_1 l_{c1} + m_2 l_1)g\cos q_1 + m_2 l_{c2}g\cos(q_1 + q_2) \\ m_2 l_{c2}g\cos(q_1 + q_2) \end{bmatrix} \tag{1-2}$$

$$\tau_d = \begin{bmatrix} 0.3\sin t \\ 0.1(1 - e^{-t}) \end{bmatrix}$$

式中，$h = m_2 l_1 l_2$；l_{c1} 为杆件 1 的质心相对于杆件 1 坐标原点的长度；l_{c2} 为杆件 2 的质心相对于杆件 2 坐标原点的长度；I_1 和 I_2 分别为杆件 1 和杆件 2 相对其质心的惯性张量。

如果忽略摩擦力矩 $F(\dot{q})$，式（1-1）可以写成

$$M(q)\ddot{q} + C(q, \dot{q})\dot{q} + G(q) = \tau - \tau_d \tag{1-3}$$

令 $x_1 = q$，$x_2 = \dot{q}$，则式（1-3）可以写成

$$\begin{cases} \dot{x}_1 = x_2 \\ \dot{x}_2 = M^{-1}(x_1)\left[(\tau - \tau_d) - C(x_1, x_2)x_2 - G(x_1)\right] \end{cases} \tag{1-4}$$

已知 $x = (x_1 \quad x_2)^T$，令控制力矩输入 $u = \tau$，外加扰动 $u_d = \tau_d$，$y = x$，则

$$\begin{cases} \dot{x} = \begin{pmatrix} \dot{x}_1 \\ \dot{x}_2 \end{pmatrix} = \begin{pmatrix} x_2 \\ M^{-1}(x_1)[-C(x_1, x_2)x_2 - G(x_1)] \end{pmatrix} + \begin{pmatrix} 0 \\ M^{-1}(x_1) \end{pmatrix}(u - u_d) \\ y = x \end{cases} \quad (1-5)$$

令 $f(x) = \begin{pmatrix} x_2 \\ M^{-1}(x_1)[-C(x_1, x_2)x_2 - G(x_1)] \end{pmatrix}$，$B(x) = \begin{pmatrix} 0 \\ M^{-1}(x_1) \end{pmatrix}$

则式（1-5）可以写成状态方程形式

$$\begin{cases} \dot{x} = f(x) + B(x)(u - u_d) \\ y = x \end{cases} \quad (1-6)$$

简化两关节机器人各项参数见表 1-1，将表中数据代入式（1-2），得到简化两关节机器人的动力学模型参数。

表 1-1　简化两关节机器人各项参数

关节号 i	$g/(m/s^2)$	m_i/kg	l_i/m	l_{ci}/m	$I_i/kg \cdot m^2$
1	9.81	10	1	0.5	0.83
2	9.81	5	0.5	0.25	0.3

迭代学习控制（Iterative Learning Control，ILC）是智能控制中具有严格数学描述的一个分支。迭代学习控制方法适用于具有重复运动性质的被控对象，其目标是通过反复的迭代修正达到某种控制目的的改善，实现有限时间上的完全跟踪任务。迭代学习控制采用"在重复中学习"的学习策略，具有记忆和修正功能。通过对被控系统进行控制尝试，以输出轨迹与给定轨迹的偏差来修正不理想的控制信号，产生新的控制信号，从而使得系统的跟踪性能得以提高。

迭代学习控制可分为开环学习和闭环学习。

开环迭代学习控制的方法是：第 $k+1$ 次的控制等于第 k 次控制基础上再加上第 k 次输出误差的校正项，即

$$u_{k+1}(t) = L(u_k(t), e_k(t)) \quad (1-7)$$

式中，L 为线性或非线性算子。

闭环迭代学习控制的方法是：第 $k+1$ 次的控制等于第 k 次控制基础上再加上第 $k+1$ 次输出误差的校正项，即

$$u_{k+1}(t) = L(u_k(t), e_{k+1}(t)) \quad (1-8)$$

式中，L 为线性或非线性算子。

开环迭代学习只是利用了系统前次运行的信息，而闭环迭代学习则在利用系统当前运行信息改善控制性能的同时，舍弃了系统前次运行的信息。总体来说，闭环迭代学习控制的性能要优于开环迭代学习。而且在工业机器人控制方面，为保证系统的稳定，大多采用闭环迭代学习的控制方式。

常用的迭代学习控制为 PID 和 PD 迭代学习控制方法，控制率分别为

$$u_{k+1}(t) = u_k(t) + K_p[q_d(t) - q_{k+1}(t)] + K_d[\dot{q}_d(t) - \dot{q}_{k+1}(t)] +$$
$$K_i \int_0^t q_d(\tau) - q_{k+1}(\tau)d\tau \quad (1-9)$$

$$u_{k+1}(t) = u_k(t) + K_p[q_d(t) - q_{k+1}(t)] + K_d[\dot{q}_d(t) - \dot{q}_{k+1}(t)] \tag{1-10}$$

仿真定义的期望曲线（即两个关节的角位移期望运行轨迹和角速度期望运行速度）分别为

$$q_d(t) = \begin{pmatrix} q_{d1}(t) \\ q_{d2}(t) \end{pmatrix} = \begin{pmatrix} \sin(3t) \\ \cos(3t) \end{pmatrix} \tag{1-11}$$

$$\dot{q}_d(t) = \begin{pmatrix} \dot{q}_{d1}(t) \\ \dot{q}_{d2}(t) \end{pmatrix} = \begin{pmatrix} 3\cos(3t) \\ -3\sin(3t) \end{pmatrix} \tag{1-12}$$

被控对象的初始条件为

$$\begin{pmatrix} q_1(0) \\ \dot{q}_1(0) \\ q_2(0) \\ \dot{q}_2(0) \end{pmatrix} = \begin{pmatrix} 0 \\ 3 \\ 1 \\ 0 \end{pmatrix} \tag{1-13}$$

机器人的控制力矩为

$$\tau = K_d\dot{e} + K_pe \tag{1-14}$$

式中，e 为跟踪误差，$e = q_d - q$，其中 q_d 为角位移控制指令，q 为角位移实际运行轨迹。

利用 MATLAB Simulink 实现独立 PD 控制算法，如图 1-7 所示。其中有两个 S-Function，PD_ctrl 为独立 PD 算法实现模块，PD_plant 为简化两关节机器人模型。该算法结合机器人的角位移误差与角速度误差来得出某一时刻的控制量，将此控制量应用在机器人模型上，得到模型的输出，再将模型的输出与期望值做对比，得到误差，再次进行算法的运算。

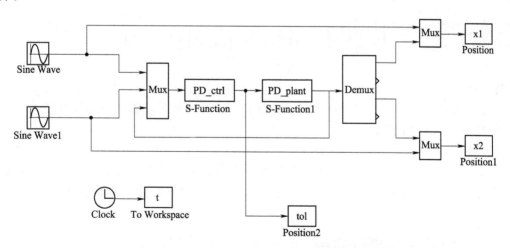

图 1-7 独立 PD 控制在 Simulink 中的算法实现

其仿真结果如图 1-8 所示，经过独立 PD 控制，关节 1 的角位移误差在 $\pm0.06\text{rad}$ 之内，关节 2 的角位移误差在 $\pm0.02\text{rad}$ 之内，误差呈现周期性变化。该算法结构简单，运算速度较快。

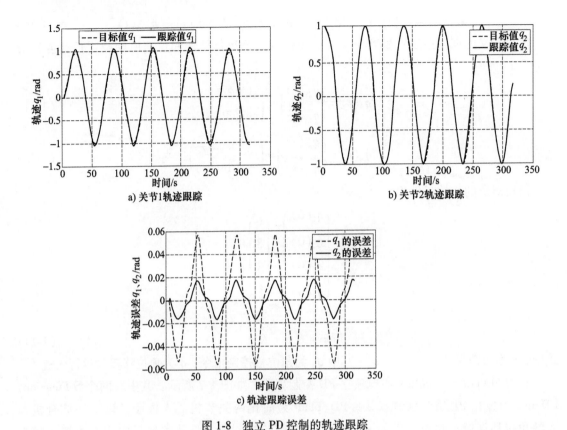

图 1-8 独立 PD 控制的轨迹跟踪

任务三　工业机器人传感技术认知

【任务目标】

掌握工业机器人常用传感器的分类；掌握各种常用内部传感器和外部传感器的工作原理；能初步使用各种传感器。

【学习内容】

经历了 40 多年的发展，工业机器人技术逐步形成了一门新的综合性学科，它包括基础研究和应用研究两个方面。传感器及其数据处理技术是智能工业机器人的重要组成部分。

一、传感器的基础知识

1. 传感器的定义

广义地来说，传感器是一种能把物理量或化学量转换成便于利用的电信号的元件。国际电工委员会（IEC）的定义为："传感器是测量系统中的一种前置部件，它将输入变量转换成可供测量的信号。"传感器是传感器系统的一个组成部分，是被测量信号输入的第一道关口。

2. 传感器的组成

传感器由敏感元件和转换元件组成，如图1-9所示。

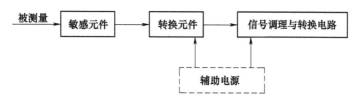

图1-9 传感器的组成

1）敏感元件：指传感器中能直接感受或响应被测量的部分。

2）转换元件：指传感器中能将敏感元件感受或响应的被测量转换成适于传输或测量的电信号的部分。

3）信号调理与转换电路：对信号进行放大、运算调制等。此外，信号调理转换电路以及传感器的工作必须有辅助电源。

二、 工业机器人常用传感器的分类

工业机器人传感器按用途可分为内部传感器和外部传感器。

内部传感器装在工业机器人上，包括微动开关、位移、速度、加速度等传感器，是为了检测工业机器人内部状态，在伺服控制系统中作为反馈信号。

外部传感器，如接近觉、力觉、滑觉、视觉等传感器，是为了检测作业对象及环境与工业机器人的联系。

对工业机器人传感器的要求如下：

1）精度高、重复性好。

2）稳定性和可靠性好。

3）抗干扰能力强。

4）重量轻、体积小、安装方便。

三、 传感器在工业机器人中的作用

为了检测作业对象及环境或工业机器人与它们的关系，在工业机器人上安装了触觉传感器、视觉传感器、力觉传感器、接近觉传感器、超声波传感器和听觉传感器，大大改善了工业机器人的工作状况，使其能够更充分地完成复杂的工作。由于外部传感器为集多种学科于一身的产品，有些方面还在探索之中。随着外部传感器的进一步完善，工业机器人的功能越来越强大，将在许多领域为人类做出更大贡献。

传感器对于工业机器人就好比人的四肢和外部的各种结构，如果没有传感器，机器人就像人没有任何感觉一样，不知道自己周围的情况，也就无法完成各种简单的动作，各种复杂的动作就更不可想象。传感器为工业机器人提供了检查自身周边环境的功能，如现代工业机器人包含了各种各样的传感器，能检查各种环境的变化，这样才能保证工业机器人完成复杂的任务，在命令的控制下灵活运作。因此传感器在工业机器人系统中具有不可替代的作用，没有传感器的支持就无从谈起工业机器人。因此传感器是工业机器人必不可少的重要部件，离开传感器，工业机器人寸步难行。

四、 工业机器人内部传感器

内部传感器以工业机器人本身的坐标轴来确定其位置，安装在工业机器人自身中，用来感知工业机器人自己的状态，以调整和控制工业机器人的行动。

1. 电位器

电位器可作为直线位移和角位移检测元件，其结构形式如图 1-10 所示。

电位器式位移传感器的可动电刷与被测物体相连。物体的位移引起电位器移动端的电阻变化，阻值的变化量反映了位移的量值，阻值的增加还是减小则表明了位移的方向。

电位器式位移传感器位移和电压的关系为

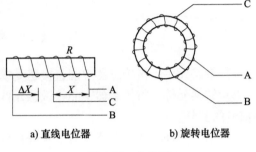

a) 直线电位器　　b) 旋转电位器

图 1-10　电位器

$$X = \frac{L(2e - E)}{E} \tag{1-15}$$

式中，E 为输入电压；L 为触头最大移动距离；X 为向左端移动的距离；e 为电阻右侧的输出电压。

为了保证电位器的线性输出，应保证等效负载电阻远远大于电位器总电阻。电位器式位移传感器结构简单，性能稳定，使用方便，但分辨率不高，且当电刷和电阻之间接触面磨损或有尘埃附着时会产生噪声。

2. 编码器

编码器分为增量式编码器和绝对式编码器。增量式测量的特点是只测位移增量，移动部位每移动一个基本长度（或角度）单位，检测装置便发出一个测量信号，此信号通常是脉冲形式。绝对式测量的特点是被测的任一点位置都从一个固定的零点算起，常以二进制数据形式来表示。

（1）绝对式编码器　绝对式编码器通过读取码盘上的编码来表示轴的绝对位置，没有累积误差，电源切除后，信息位置不丢失。从编码器使用的计数制分，其有二进制码、格雷码、二-十进制码等。绝对式编码器按结构原理分，有接触式、光电式和电磁式三类。

接触式绝对编码器如图 1-11 所示，其工作原理如下：码盘随被测轴一起转动时，电刷和码盘的位置发生相对变化，若电刷接触的是导电区域，则经电刷、码盘、电阻和电源形成回路，该回路中的电阻上有电流流过，信号为"1"；反之，若电刷接触的是绝缘区域，则不能形成回路，电阻上无电流流过，信号为"0"。由此，可根据码盘的位置得到由"1""0"组成的 4 位二进制码。

码道的圈数就是二进制数的位数，若是 n 位二进制码盘，就有 n 圈码道，且周围均分为 2^n 等份。二进制码盘的分辨角 $\alpha = 360°/(2^n)$，分辨率 $= 1/(2^n)$。

例如：$n = 4$，则 $\alpha = 22.5°$，设 0000 码为 0°，则 0101 = 5，相对于 0000 有 5 个 α，表示

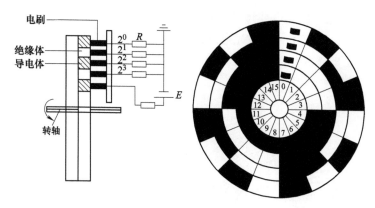

图 1-11 接触式绝对编码器

码盘已转过了 $22.5° \times 5 = 112.5°$。显然，位数 n 越大，所能分辨的角度越小，测量精度就越高。

编码器生产厂家运用钟表齿轮的机械原理，当中心码盘旋转时，通过齿轮传动带动另一组码盘，用另一组码盘记录转动圈数（圈数可以随着增加或减少），从而扩大编码器的测量范围。

格雷码属于可靠性编码，是一种错误最小化的编码方式，因为自然二进制码可以直接由数/模转换器转换成模拟信号，但在某些情况，例如从十进制的 3 转换成 4 时，二进制码的每一位都要变，使数字电路产生很大的尖峰电流脉冲。而格雷码则没有这一缺点，它是一种数字排序系统，其中的所有相邻整数在它们的数字表示中只有一个数字不同。它在任意两个相邻的数之间转换时，只有一个数位发生变化，大大减少了由一个状态到下一个状态时逻辑的混淆。图 1-12 所示为格雷编码绝对编码器。

光电式绝对编码器如图 1-13 所示。光电式绝对编码器与接触式绝对编码器码盘结构相似，只是其中的黑白区域不表示导电区和绝缘区，而是表示透光区和不透光区。其中，黑的区域指不透光区，用"0"表示；白的区域指透光区，用"1"表示。如此，在任意角度都有"1""0"组成的二进制代码。另外，在每一码道上都有一组光电元件，这样，不论码盘转到哪一角度位置，与之对应的各光电元件接收到光的输出为"1"电平，没有接收到光的输出为"0"电平，由此组成 n 位二进制编码。

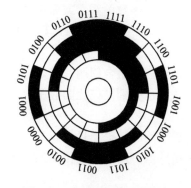

图 1-12 格雷编码绝对编码器

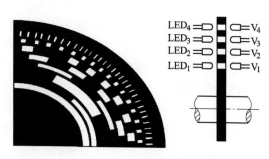

图 1-13 光电式绝对编码器

（2）增量式编码器　以光电式增量编码器为代表，工作原理如下：当光电码盘随转轴一起转动时，在光源的照射下，透过光电码盘和光栏板狭缝形成忽明忽暗的光信号，光电器件的排列与光栏板上的条纹相对应，光电器件将此光信号转换成正弦波信号，再经过整形后变成脉冲，如图1-14所示。

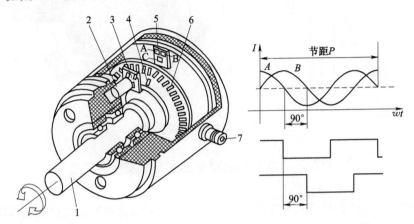

图1-14　光电式增量编码器的结构

1—转轴　2—发光二极管　3—光栏板　4—零标志位光槽　5—光电器件　6—码盘　7—电源及信号线连接座

光栏板3上有A组（A、$\overline{A}$）、B组（B、$\overline{B}$）和C组（C、$\overline{C}$）三组狭缝。

A组、B组狭缝相互错开1/4节距，所以射到光电器件上的信号相位差为90°，用于辨向。

A、$\overline{A}$ 和B、$\overline{B}$ 是差动信号，相位差为180°，主要用于提高抗干扰能力。

C组狭缝与零标志位光槽配合，每转产生一个脉冲，称为零脉冲信号。

光电式编码器的测量精度取决于它所能分辨的最小角度，而这与码盘圆周上的狭缝条纹数 n 有关，即分辨角为 $360°/n$，分辨率为 $1/n$。

根据脉冲的数目可得出被测轴的角位移；根据脉冲的频率可得被测轴的转速；根据A、B两相的相位超前滞后关系可判断被测轴的旋转方向。

3. 旋转变压器

旋转变压器如图1-15所示，是一种输出电压随转子转角变化的信号元件。当励磁绕组中通入交流电时，输出绕组的电压幅值与转子转角成正弦、余弦函数关系，或保持某一比例关系，或在一定转角范围内与转角呈线性关系。它主要用于坐标变换、三角运算和数据传输，也可以作为两相移相用在角度-数字转换装置中。

旋转变压器可以单机运行，也可以像自整角机那样成对或三机组合使用。它是一种精密测位用的机电元件，在伺服系统、数据传输系统和随动系统中也得到了广泛的应用。

4. 加速度传感器

随着工业机器人的高速比、高精度化，工业机器人的振动问题被提上日程。为了解决振动问题，有时在工业机器人的运动手臂等位置安装加速度传感器，用于测量振动加速度，并把它反馈到驱动器上。

根据牛顿第二定律：$a = F/m$，只需测量作用力 F 就可以得到已知质量物体的加速度。

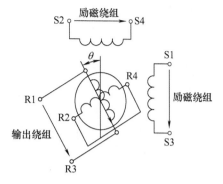

图 1-15　旋转变压器

利用电磁力平衡这个力，就可以得到作用力与电流（电压）的对应关系，通过这个简单的原理来设计加速度传感器。加速度传感器的本质是通过作用力造成传感器内部敏感部件发生变形，通过测量其变形并用相关电路转化成电压输出，得到相应的加速度信号。

（1）压阻式加速度传感器　最早开发的压阻式加速度传感器是硅微加速度传感器（基于 MEMS 硅微加工技术），如图 1-16 所示。

图 1-16　硅微加速度传感器外观

　　压阻式加速度传感器的弹性元件一般采用硅梁外加质量块，并在硅梁上制作电阻，连接成测量电桥。在惯性力作用下，质量块上下运动，硅梁上电阻的阻值随应力的作用而发生变化，引起测量电桥输出电压变化，以此实现对加速度的测量，如图 1-17 所示。

　　压阻式加速度传感器的优点是体积小、频率范围宽、测量加速度的范围宽，直接输出电压信

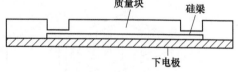

图 1-17　压阻式加速度传感器

号，不需要复杂的电路接口，大批量生产时价格低廉，可重复生产性好，可直接测量连续的加速度和稳态加速度；缺点是对温度的漂移较大，对安装应力和其他应力也较敏感。

（2）压电式加速度传感器　压电式加速度传感器是基于压电晶体的压电效应工作的。某些晶体在一定方向上受力变形时，其内部会产生极化现象，同时在它的两个表面上产生符号相反的电荷；当外力去除后，又重新恢复到不带电状态，这种现象称为压电效应。

　　具有压电效应的晶体称为压电晶体，常用的有石英、压电陶瓷等。其优点是频带宽、灵敏度高、信噪比高、结构简单、工作可靠和重量轻等；缺点是某些压电材料需要防潮措施，而且输出的直流响应差，需要采用高输入阻抗电路或电荷放大器来克服这一缺陷。压电式加速度传感器外观如图 1-18 所示。

（3）伺服式加速度传感器　当被测振动物体通过伺服式加速度传感器壳体有加速度输

入时，质量块偏离静平衡位置，位移传感器检测出位移信号，经伺服放大器放大后输出电流，该电流流过电磁线圈，从而在永久磁铁的磁场中产生电磁恢复力，迫使质量块回到原来的静平衡位置，即加速度传感器工作在闭环状态，传感器输出与加速度传感器成一定比例的模拟信号，它与加速度值成正比关系。

图 1-18　压电式加速度传感器外观

其优点是测量精度和稳定性、低频响应等都得到提高；缺点是体积和质量比压电式加速度传感器大很多，价格昂贵。图 1-19 所示为伺服式加速度传感器实物和工作原理图。

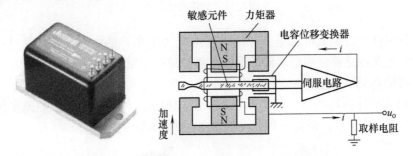

图 1-19　伺服式加速度传感器实物和工作原理

五、 工业机器人外部传感器

1. 接近觉传感器

机器人接近觉传感器是用来判断机器人是否接触物体的测量传感器。简单的接近觉传感器以阵列形式排列组合而成，它以特定次序向控制器发送接触和形状信息，如图 1-20 所示。

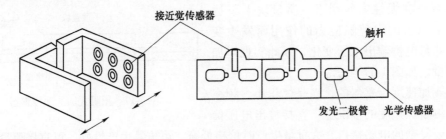

图 1-20　简单接近觉传感器

接近觉传感器分为接触式和非接触式两种。接触式接近觉传感器可以提供的物体信息如图 1-21 所示。当接触式接近觉传感器与物体接触时，依据物体的形状和尺寸，不同的传感器将以不同的次序对接触做出不同的反应。控制器就利用这些信息来确定物体的大小和形状。图 1-21 中给出了三个简单的例子：接触立方体、圆柱体和不规则形状的物体。每个物体都会使接触式传感器产生一组唯一的特征信号，由此可确定接触的物体。

非接触式接近觉传感器的测量根据原理不同，采用的装置也不同，按照工作原理可以分为电磁式接近觉传感器、光学式接近觉传感器、感应式接近觉传感器、电容式接近觉传感

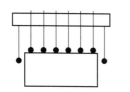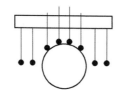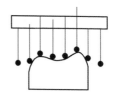

图 1-21　接触式接近觉传感器可提供的物体信息

器、涡流接近觉传感器和霍尔式传感器等。

（1）电磁式接近觉传感器　加有高频信号 i_s 的励磁绕组 L 产生的高频电磁场作用于金属板，在其中产生涡流，该涡流反作用于绕组。通过检测绕组的输出可反映出传感器与被接近金属间的距离，如图 1-22 所示。

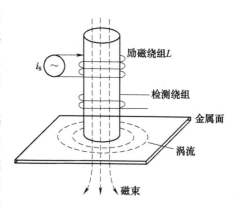

图 1-22　电磁式接近觉传感器

（2）光学式接近觉传感器　光学式接近觉传感器由用作发射器的光源和接收器两部分组成，如图 1-23 所示。光源可在内部也可在外部，接收器能够感知光线的有无。发射器及接收器的配置准则是：发射器发出的光只有在物体接近时才能被接收器接收。除非有能反射光的物体处在传感器作用范围内，否则接收器就接收不到光线，也就不能产生信号。

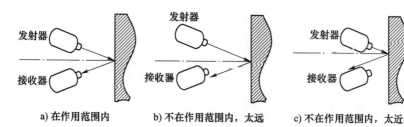

a) 在作用范围内　　b) 不在作用范围内，太远　　c) 不在作用范围内，太近

图 1-23　光学式接近觉传感器

（3）感应式接近觉传感器　感应式接近觉传感器用于检测金属表面，由磁心和振荡器等组成。由于外部磁场响应，引起金属体产生涡电流，并导致阻抗变化从而进行检测。

（4）电容式接近觉传感器　电容式接近觉传感器利用电容量的变化产生接近觉。其本身作为一个极板，被接近物作为另一个极板。将该电容接入电桥电路或 RC 振荡电路，利用电容极板距离的变化产生电容的变化，可检测出与被接近物的距离。电容式接近觉传感器具有对物体的颜色、构造和表面都不敏感且实时性好的优点。

（5）涡流接近觉传感器　涡流接近觉传感器具有两组线圈，第一组线圈产生作为参考用的变化磁通，在有导电材料接近时，其中将会感应出涡流，感应出的涡流又会产生与第一组线圈反向的磁通，使总磁通减少。总磁通的变化与导电材料的接近程度成正比，可由第二组线圈检测出来。涡流接近觉传感器不仅能检测是否有导电材料，而且能够对材料的空隙、裂缝、厚度等进行非破坏性检测。

（6）霍尔式传感器　当磁性物件移近霍尔式传感器（也称霍尔式接近开关）时，开关检测面上的霍尔元件因产生霍尔效应而使开关内部电路状态发生变化，由此识别附近有磁性物体存在，进而控制开关的通或断。这种接近开关的检测对象必须是磁性物体。

2. 力觉传感器

力觉传感器的作用是通过对机器人的指、肢和关节等运动中所受力的感知，感知夹持物体的状态，校正由于手臂变形引起的运动误差，保护机器人及零件不会损坏。它们对装配机器人具有重要意义。

（1）力–力矩传感器　主要用于测量机器人自身或与外界相互作用而产生的力或力矩的传感器。它通常装在工业机器人各关节处。

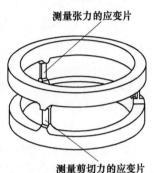

测量张力的应变片

测量剪切力的应变片

图 1-24　竖梁式 6 自由度力
传感器原理图

刚体在空间的运动可以用 6 个坐标来描述，例如用表示刚体质心位置的三个直角坐标和分别绕三个直角坐标轴旋转的角度坐标来描述。可用多种结构的弹性敏感元件来感知机器人关节所受的 6 个自由度的力或力矩，再由粘贴在其上的应变片，将力或力矩的各个分量转换为相应的电信号。常用弹性敏感元件的形式有十字交叉式、三根竖立弹性梁式和八根弹性梁的横竖混合结构等。图 1-24 所示为竖梁式 6 自由度力传感器的原理。在每根梁的内侧粘贴有测量张力的应变片，外侧粘贴有测量剪切力的应变片，从而构成 6 个自由度的力和力矩分量输出。

（2）应变片　应变片也能用于测量力，它输出与其形变成正比的阻值，而形变本身又与施加的力成正比。于是，通过测量应变片的电阻，就可以确定施加力的大小。

应变片常用于测量末端执行器和工业机器人腕部的作用力。应变片也可用于测量工业机器人关节和连杆上的载荷，但不常用。图 1-25 是应变片的简单原理图。电桥平衡时，A 点和 B 点电位相等。4 个电阻只要有一个变化，两点间就会有电流通过。因此，必须首先调整电桥使电流计归零。假定 R_1 是应变片的电阻，在压力作用下该阻值会发生变化，导致惠斯通电桥不平衡，并使 A 点和 B 点间有电流通过。仔细调整一个其他电阻的阻值，直到电流为零，应力片的阻值变化可由式（1-16）得到：

$$R_1/R_4 = R_2/R_3 \tag{1-16}$$

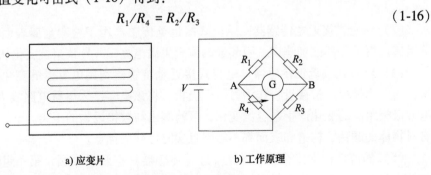

a) 应变片　　　　　　　　　　b) 工作原理

图 1-25　应变片的简单原理图

（3）多维力传感器　多维力传感器指的是一种能够同时测量两个方向以上力及力矩分量的力传感器。在笛卡儿坐标系中力和力矩可以各自分解为 3 个分量，因此，多维力最完整的测量形式是六维力-力矩传感器，即能够同时测量 3 个力分量和 3 个力矩分量的传感器，目前广泛使用的多维力传感器就是这种传感器。在某些场合，不需要测量完整的 6 个力和力矩分量，而只需要测量其中某几个分量，因此就有了二、三、四、五维的多维力传感器，其中每一种传感器都可能包含有多种组合形式。

多维力传感器广泛应用于机器人手指、手爪研究，机器人外科手术研究，指力研究，牙齿研究，力反馈，制动检测，精密装配、切削，复原研究，整形外科研究，产品测试，触觉反馈和示教学习等，行业覆盖了机器人、汽车制造、自动化流水线装配、生物力学、航空航天、轻纺工业等领域。图 1-26 所示为六维力传感器结构图和测量电路。

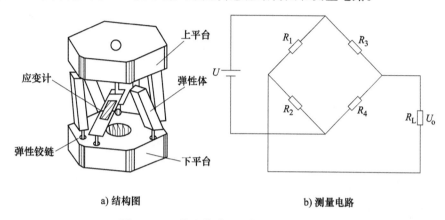

a) 结构图   b) 测量电路

图 1-26   六维力传感器结构图和测量电路

应力的测量方式很多，这里采用电阻应变片的方式测量弹性体上应力的大小。理论研究表明，在弹性体上只受到轴向的拉压作用力，因此只要在每个弹性体连杆上粘贴一片应变片，然后和其他 3 个固定电阻器正确连接即可组成测量电桥，从而通过电桥的输出电压测量出每个弹性体上的应力大小。整个传感器力敏元件的弹性体连杆有 6 个，因此需要 6 个测量电桥分别对 6 个应变信号进行测量。传感器力敏元件的弹性体连杆机械应变一般都较小，为将这些微小的应变引起的应变片电阻值的微小变化测量出来，并有效提高电压灵敏度，测量电路采用直流电桥的工作方式。

（4）腕力传感器　腕力传感器测量的是 3 个方向的力（力矩），所以一般均采用六维力-力矩传感器。由于腕力传感器既是测量的载体，又是传递力的环节，所以腕力传感器的结构一般为弹性结构梁，通过测量弹性体的变形得到 3 个方向的力（力矩）。

图 1-27 所示为斯坦福大学研制的六维腕力传感器。该传感器利用一段铝管加工成串联的弹性梁，在梁上粘贴一对应变片，其中一片用于温度补偿。筒体由 8 根弹性梁支撑。由于机器人各个杆件通过关节连接在一起，运动时各杆件相互联动，所以单个杆件的受力情况很复杂。但可以根据刚体力学的原理：刚体上任何一点的力都可以

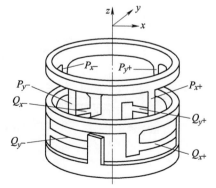

图 1-27   斯坦福大学研制的六维腕力传感器

表示为笛卡儿坐标系三个坐标轴的分力和绕三个轴的分力矩，只要测出这三个分力和分力矩，就能计算出该点的合力。

图 1-28 所示为日本大和制衡株式会社林纯一在 JPL 实验室研制的腕力传感器的基础上提出的一种改进结构。它是一种整体轮辐式结构，传感器在十字架与轮缘连接处有一个柔性环节，因而简化了弹性体的受力模型（在受力分析时可简化为悬臂梁）。在四根交叉梁上总共贴有 32 片应变片（图 1-28 中以小方块表示），组成 8 路全桥输出，六维力的获得需通过解耦计算。这一传感器一般将十字交叉主杆与手臂的连接件设计成弹性体变形限幅的形式，可有效起到过载保护作用，是一种较实用的结构。

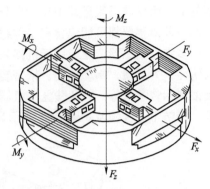

图 1-28 林纯一六维腕力传感器

3. 滑觉传感器

机器人在抓取不知属性的物体时，其自身应能确定最佳握紧力的给定值。当握紧力不够时，要检测被握紧物体的滑动，利用该检测信号，在不损害物体的前提下，考虑最可靠的夹持方法，实现此功能的传感器称为滑觉传感器。

（1）滚轮式滑觉传感器 物体在传感器表面上滑动时，和滚轮或环相接触，把滑动变成转动，如图 1-29a 所示。

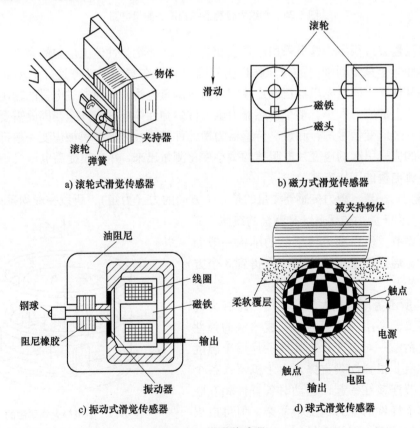

a) 滚轮式滑觉传感器

b) 磁力式滑觉传感器

c) 振动式滑觉传感器

d) 球式滑觉传感器

图 1-29 滑觉传感器

（2）磁力式滑觉传感器　滑动物体引起滚轮滚动，用磁铁和静止的磁头进行检测，这种传感器只能检测到一个方向的滑动，如图 1-29b 所示。

（3）振动式滑觉传感器　表面伸出的触针能和物体接触，物体滚动时，触针与物体接触而产生振动，这个振动由压电传感器或磁场线圈结构的微小位移计检测，如图 1-29c 所示。

（4）球式滑觉传感器　用球代替滚轮，可以检测各个方向的滑动，如图 1-29d 所示。

4. 视觉传感器

视觉传感器是智能机器人最重要的传感器之一，相当于机器人的眼睛。机器人通过视觉传感器获取环境的二维图像或三维图像，并通过视觉处理器进行分析和解释，转换为符号，让机器人能够辨识物体，并确定其位置，如图 1-30 所示。

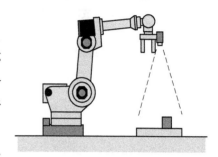

图 1-30　视觉传感器

典型的视觉系统一般包括光源、光学系统，相机、图像处理单元（或图像采集卡）、图像分析处理软件、监视器、通信/输入输出单元等。

机器人视觉系统的主要作用如下：

1）自动拾取：提高拾取精度，降低机械固定成本。

2）传送跟踪：视觉跟踪传送带上移动的产品，进行精确定位及拾取。

3）精确放置：将产品精确放置到装配和加工位置。

4）姿态调整：从拾取到放置过程中对产品姿态进行精确调整。

视觉传感器的优点如下：

1）精度高。视觉系统不需要接触，对目标部件没有损伤。随着视觉相机分辨率的大幅提升和先进算法的提出，其测量精度越来越高。

2）连续性。视觉系统节省了人为测量，工作连续性和稳定性高。

3）成本低。随着计算机处理器价格的急剧下降，机器视觉系统成本也变得越来越低。

4）灵活性高。视觉系统能够进行各种不同的测量。当应用变化以后，只需软件做相应变化或者升级，以适应新的需求即可。

机器视觉系统比传感器有更好的可适应性，它使机器人运动具有了多样性、灵活性和可重组性。当需要改变生产过程时，对机器视觉来说"工具更换"仅仅是变换软件而不是更换昂贵的硬件。当生产线重组后，视觉系统往往可以重复使用。

视觉系统的构成包括以下部分：

1）图像采集：光学系统采集图像，将图像转换成模拟格式并传入计算机存储器。

2）图像处理：处理器运用不同的算法来提高对结论有重要影响的图像要素。

3）特性提取：处理器识别并量化图像的关键特性，例如对工件的坐标位置、轮廓、高度等信息进行提取与量化，然后将这些数据传送到控制器。

4）判决和控制：处理器的控制程序根据收到的数据做出结论。

习　题

一、填空题

1. 机器人未来将向_____和_____方向发展。

2. 机器人按驱动形式可分为气压驱动、_____和_____；按用途可分为_____和_____。

3. 机器人的控制方式有_____、_____、_____和自主控制方式。

4. 机器人系统可以分成四大部分：执行机构、_____、_____和_____。

二、简答题

1. 国际标准化组织（ISO）对机器人的定义是什么？

2. 机器人可以分为哪三代？各时期的特点是什么？

3. 工业机器人技术参数包括哪些？

4. 阐述机器人的组成结构及各组成部分的作用。

5. 阐述传感器的组成以及各组成部分的作用。

6. 阐述接触式绝对编码器的工作原理。

7. 阐述视觉传感器的组成以及各组成部分的作用。

8. 力觉传感器的作用是什么？典型的力觉传感器有哪些？

项目二 工业机器人基本操作
PROJECT 2

【模块目标】

了解 ABB 工业机器人的发展历程，掌握 ABB 工业机器人的分类与用途，熟知工业机器人的安全操作规程；了解 ABB 工业机器人示教器的基本界面组成，掌握示教器的基本设置；理解 ABB 工业机器人运动功能定义，熟练掌握运动模式的切换与快捷操作，能初步操作工业机器人；了解坐标系定义、分类，掌握工具坐标系与工件坐标系的设置；了解工业机器人参数设置，掌握转数计算器更新、关节轴转动角度等参数的设置方法。

任务一　ABB 工业机器人认知

【任务目标】

了解 ABB 工业机器人的发展历程，掌握 ABB 机器人的分类与用途，熟知工业机器人的安全操作规程。

【学习内容】

一、ABB 工业机器人简介

ABB 公司是目前全球领先的工业机器人技术供应商，主要提供机器人产品、模块化制造单元及服务，在世界范围内安装了超过 30 万台机器人。它的全球业务总部设在中国上海，也是目前唯一一家在中国从事工业机器人研发和生产的国际企业。除中国外，它在瑞典、捷克、挪威、墨西哥、日本和美国等地也设有机器人研发和制造基地。

ABB 工业机器人迄今为止已经有近 50 年的发展历史，不断的技术积累，使其在竞争中始终保持领先地位，和发那科（FANUC）、库卡（KUKA）以及安川（YASKAWA）机器人并称为工业机器人的"四大家族"。它的发展历程及标志性事件见表 2-1。

表 2-1　ABB 工业机器人发展历程及标志性事件

年份	标志性事件
1974 年	向瑞典南部一家小型机械工程公司交付全球首台微机控制电动工业机器人——IRB 6，该机器人设计已于 1972 年获发明专利
1975 年	售出首台弧焊机器人（IRB 6）

（续）

年份	标志性事件
1979 年	推出首台电动点焊机器人（IRB 60）
1986 年	推出荷重为 10kg 的 IRB 2000 机器人，这是全球首台由交流电动机驱动的机器人，采用无间隙齿轮箱，工作范围大，精度高
1991 年	推出荷重为 200kg 的 IRB 6000 大功率机器人。该机器人采用模块化结构设计，是当时市场上速度最快、精度最高的点焊机器人
1998 年	推出 FlexPicker 机器人，这是当时世界上速度最快的拾放料机器人
2001 年	推出全球首台荷重高达 500kg 的工业机器人 IRB 7600
2002 年	在 EuroBLECH 展览会上推出 IRB 6600 机器人，一种可向后弯曲的大功率机器人
2004 年	推出新型机器人控制器 IRC5。该控制器采用模块化结构设计，是一种全新的按照人机工程学原理设计的 Windows 界面装置，可通过 MultiMove 功能实现多机器人（最多 4 台）完全同步控制，从而为机器人控制器确立了新标准
2005 年	推出 55 种新产品和机器人功能，包括 4 种新型机器人：IRB 660、IRB 4450S、IRB 1600 和 IRB 260
2009 年	推出当时全球精度最高、速度最快的 6 轴小型机器人 IRB 120
2011 年	推出当时全球最快的码垛机器人 IRB 460
2015 年	推出全球首款人机协作机器人 YuMi
2017 年	推出新一代最紧凑、最轻量、最精确的小型机器人 IRB 1100

ABB 工业机器人产品主要分为多关节型机器人、协作机器人、并联机器人和喷涂机器人四大类型，每种类型的机器人都有其各自擅长的领域和功用，本书将简要介绍各种类型机器人中几种常用的型号。

1. 多关节型机器人

多关节型机器人也可以称作关节手臂机器人或关节机械手臂，是目前工业领域中最常见的工业机器人的形态之一，适用于诸多工业领域的机械自动化作业。该类型机器人有很高的自由度，5~6 轴，适用于几乎任何轨迹或角度的工作，可以代替人力完成有害身体健康的复杂工作，比如汽车外壳点焊、产品涂胶、货物搬运等，但该类型机器人初期投资的成本高，生产前准备工作量大，编程和计算机模拟过程耗费时间长。ABB 旗下有多款多关节型机器人，可以满足工业上的各种应用需求。

1）IRB120 6 轴工业机器人（见图 2-1）。这是 ABB 迄今最小的多用途机器人，重 25kg，荷重 3kg（垂直腕为 4kg），工作范围达 580mm，是具有低投资、高产出优势的经济可靠之

图 2-1　IRB 120 机器人本体及其控制器实物图

选，已经获得了 IPA 机构"ISO 5 级洁净室（100 级）"的达标认证，能够在严苛的洁净室环境中充分发挥优势，主要应用于装配、上下料、物料搬运、包装/涂胶等方面。其性能参数见表 2-2。

表 2-2　IRB 120 机器人性能参数

性能指标	参　　数
荷重/kg	3
工作范围/m	0.58
防护等级	标配：IP20 选配：IPA 认证洁净室 5 级
安装方式	地面、壁挂、倒置、任意角度
重复定位精度/mm	0.01

其升级型号 IRB120T 在保持其传统的紧凑、灵活、轻量级功能的同时，实现了 4、5、6 三个轴最高速度的大幅增加，周期时间改善高达 25%，拥有极大的灵活性及业界领先的 $10\mu m$ 可重复性。

2）IRB1200 机器人（见图 2-2）。这是一款小快灵、多用途的小型工业机器人，这款机器人在保持工作范围宽这一优势的同时，一举满足了物料搬运和上下料行业对柔性、易用性、紧凑性和节拍的各项要求。IRB 1200 机器人提供的两种型号机器人广泛适用于各类作业。两种型号都可选配食品级润滑、SafeMove2、铸造专家Ⅱ代和洁净室防护等级。这两种型号机器人的工作范围分别为 700mm 和 900mm，荷重分别为 7kg 和 5kg，性能参数见表 2-3。

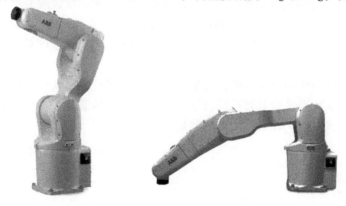

图 2-2　IRB 1200 机器人实物图

表 2-3　IRB 1200 机器人性能参数

性能指标	参　　数	
荷重/kg	5	7
工作范围/m	0.90	0.70
防护等级	标配：IP40 选配：IP67，洁净室 ISO 4，食品级润滑	
安装方式	任意角度	
重复定位精度/mm	0.025	0.02

3）IRB1410 机器人（见图 2-3）。这款机器人主要应用于弧焊、装配、物料搬运、涂胶等方面，其性能卓越，经济效益高，其性能参数见表 2-4。

图 2-3　IRB 1410 机器人实物图

表 2-4　IRB 1410 机器人性能参数

性能指标	参　　数
荷重/kg	5
工作范围/m	1.44
防护等级	—
安装方式	落地
重复定位精度/mm	0.02

2. 协作机器人

协作机器人是设计和人类在共同工作空间中有近距离互动的机器人。到 2010 年为止，大部分的工业机器人是设计自动作业或是在有限的导引下作业，因此不用考虑和人类近距离互动，其动作也不用考虑对于周围人类的安全保护，而这些都是协作式机器人需要考虑的机能。作为全球最大的工业机器人制造商之一，ABB 在 2014 年推出了其首款协作机器人 YuMi（IRB 14000，见图 2-4），目标市场为消费电子行业，并于 2015 年德国汉诺威工业博览会推向市场。

YuMi 是英文"You"（你）和"Me"（我）的组合，意味着你我携手共创自动化的未来。YuMi 既能与人类并肩执行相同的作业任务，又可确保其周边区域安全。无论是手表、平板电脑还是其他各类产品，YuMi 都能轻松处理，甚至连穿针引线也不在话下。YuMi 彻底改变了大家对装配自动化的固有思维，它能在极狭小的空间内像人一样灵巧地执行小件装配所要求的动作，可最大限度地节省厂房占用面积，还能直接装入原本为人设计的操作工位。其主要应用于小件搬运与小件装配，性能参数见表 2-5。

图 2-4　协作机器人 YuMi 实物图

表 2-5　YuMi（IRB 14000）机器人性能参数

性能指标	参　　数
荷重/kg	0.5
工作范围/m	0.5
防护等级	标配：IP30
安装方式	台面、工作台
重复定位精度/mm	0.02
功能性安全	PL b Cat B

3. 并联机器人

并联机器人是动平台和定平台通过至少两个独立的运动链相连接，机构具有两个或两个以上自由度，且以并联方式驱动的一种闭环机构。它具有无累积误差、精度较高、速度高、动态响应好等特点，因此在需要高刚度、高精度或者大荷重而无需很大工作空间的领域内得到了广泛应用。

ABB 推出的并联机器人 IRB 360 FlexPicker（图 2-5）迄今为止已经发展了近 20 年，长时间的技术积累让 IRB 360 FlexPicker 的拾料和包装技术一直处于领先地位，同时也可应用于装配、物料搬运等领域。与传统刚性自动化技术相比，IRB 360 系列机器人具有灵活性高、占地面积小、精度高和荷重大等优势。

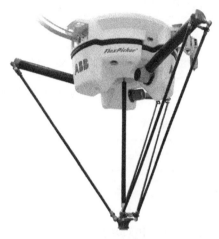

IRB 360 系列机器人现包括荷重为 1kg、3kg、6kg 和 8kg 以及横向活动范围为 800mm、1130mm 和 1600mm 等几个型号，几乎可满足任何需求。它的法兰工具经过重新设计，能够安装更大的夹具，从而高速高效地处理同步传送带上的流水线包装产品。其性能参数见表 2-6。

图 2-5 并联机器人 IRB 360 实物图

表 2-6 IRB 360 机器人性能参数

性能指标	参 数		
荷重/kg	8	1	6
工作范围/m	1.13	1.60	1.60
防护等级	标配：IP54 选配：洁净室 ISO 5~7 级（适用 IRB 360-1/1600）		
重复定位精度/mm	0.10		

4. 喷涂机器人

喷涂机器人又叫喷漆机器人，是可进行自动喷漆或喷涂其他涂料的工业机器人。ABB 工业机器人针对喷涂领域研发了一系列的机器人，能够适用于各种场合。这里着重介绍两款常用的喷涂机器人。

1）IRB52 喷涂机器人（见图 2-6）IRB52 喷涂机器人采用紧凑型设计，能够在有效减小喷漆室尺寸和降低通风需求的同时消耗更少能量，具有较高的经济效益。它具有很强的灵活性和通用性，可以进行高品质的喷涂作业。其性能参数见表 2-7。

2）IRB 5500（FlexPainter）机器人。其采用独有的设计与结构，工作范围大，动作灵活，令其他任何车身外表喷涂机器人望尘莫及，只需要两台 IRB 5500（Flex-

图 2-6 喷涂机器人 IRB 52 实物图

Painter）机器人即可胜任通常需要 4 台机器人才能完成的喷涂任务。这款机器人不仅可以降低初期投资和长期运营成本，还能缩短安装时间，延长正常运行时间，提高生产可靠性，其实物如图 2-7 所示。

表 2-7　IRB 52 机器人性能参数

性能指标	参　数
荷重/kg	7
工作范围/m	1.20~1.45
防护等级	标配：IP67、防爆
安装方式	落地，也可选择壁挂和倒置
重复定位精度/mm	0.15

图 2-7　喷涂机器人 IRB 5500 实物图

IRB 5500（FlexPainter）机器人还专门配备了 ABB 高效的 FlexBell 弹匣式旋杯系统（CBS），换色过程中的涂料损耗接近于零，是小批量喷涂和多色喷涂的最佳解决方案。其性能参数见表 2-8。

表 2-8　IRB 5500 机器人性能参数

性能指标	参　数
荷重/kg	13
工作范围/m	3
防护等级	标配：IP67、防爆
安装方式	1. 壁挂：轴 1 "水平" 2. 壁挂：轴 2 "垂直"
重复定位精度/mm	0.15

二、　机器人控制器

机器人控制器是工业机器人最为核心的零部件之一，对机器人的性能起着决定性的影响，在一定程度上影响着机器人的发展。机器人控制器是一种根据指令以及传感信息控制机器人完成一定的动作或作业任务的装置。ABB 工业机器人控制器拥有卓越的运动控制功能，可快速集成附加硬件，随着技术发展，目前主要使用的是第五代机器人控制器 IRC5（见图 2-8）。它融合了 TrueMove、QuickMove 等运动控制技术，大大地提升了机器人性能，包括精度、速度、节拍时间、可编程性、外轴设备同步等能力，同时还配备了触摸屏和具备操纵杆编程功能的 FlexPendant 示教器，具有灵活的 RAPID 编程语言及强大的通信能力。

IRC5 控制器主要包含两个模块：Control Module 和 Drive Module，两个模块通常合并在一个控制器机柜中。其中 Control Module 包含所有的电子控制装置，例如主机、I/O 电路板和闪存；Control Module 运行操作机器人（即 RobotWare 系统）所需的所有软件。Drive

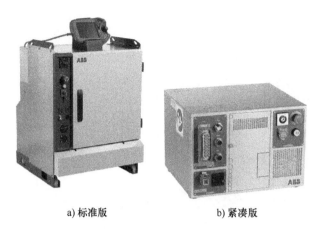

a) 标准版　　　　　　　　b) 紧凑版

图 2-8　ABB 第五代机器人控制器 IRC5 实物图

Module 包含为机器人电动机供电的所有电源电子设备。IRC5 中的 Drive Module 最多可包含 9 个驱动单元，能处理 6 根内轴以及 2 根普通轴或附加轴，具体取决于机器人的型号。

本书以 IRC5 Compact 控制器为例介绍控制器上的相关操作按钮及接口。该控制器是台式机器人控制器，主要设计用于 3C 市场等细分市场，防护等级为 IP20。该控制器前面板上主要布置了机器人主电源开关、模式切换开关、急停按钮、制动闸释放按钮等一系列的开关和按钮，具体布局如图 2-9 所示。

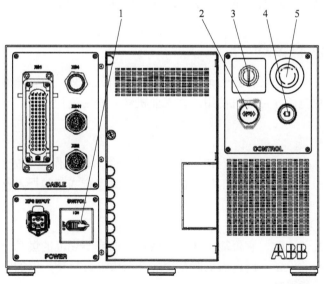

图 2-9　IRC5 Compact 控制器前面板按钮和开关布局示意图

1—主电源开关　2—用于 IRB 120 的制动闸释放按钮（位于盖子下），其他型号机器人自带制动闸释放按钮，因此与其他机器人配套使用 IRC5 Compact 控制器时，此处装堵塞器　3—模式切换开关（自动模式和手动模式）　4—电机开启按钮　5—急停按钮

IRC5 Compact 控制器前面板除了有一系列的开关和按钮，还设有多个连接接口，图 2-10 展示了该控制器的连接接口布局，通过专用电缆连接，可以建立机器人控制器与外部设备和机器人的连接。

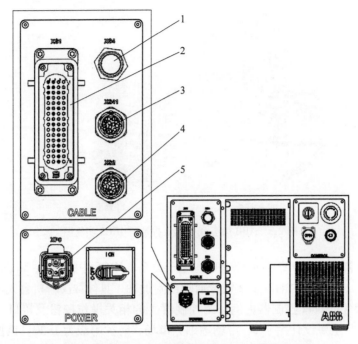

图 2-10　IRC5 Compact 控制器的连接接口布局示意图

1—XS4-FlexPendant 连接口　2—XS1-机器人供电连接口

3—XS41-附加轴串口测量板（SMB）连接口　4—XS2-机器人 SMB 连接口　5—XP0-主电路连接口

三、安全注意事项

在开启机器人之前，务必仔细阅读机器人使用说明，尤其注意安全章节中的内容，熟练掌握设备使用安全规范后才可开机使用。在工业机器人使用过程中，需要注意以下几点安全注意事项。

1. 记得关闭总电源

在安装、维修、保养机器人时，切记要关闭总电源，带电作业可能会产生致命性后果。如果不慎遭高压电击，可能会导致工作人员烧伤、心跳停止或其他严重伤害，同时设备也会因此损坏。

2. 保持足够安全距离

在调试与运行机器人时，它可能会执行一些意外的或不规范的运动，从而伤害到人或损坏机器人工作范围内的设备，所以需要时刻警惕并与机器人保持足够的安全距离，有条件的可以设置安全栅栏进行屏蔽。

3. 做好静电放电防护

静电放电是电势不同的两个物体间的静电传导，它可以通过直接接触传导，也可以通过感应电场传导。搬运部件或部件容器时，未接地的工作人员可能会传递大量的静电荷，这一放电过程可能会损坏敏感的电子设备，因此在有防静电标识的情况下，一定要做好静电放电防护工作。

4. 紧急停止

紧急停止优先于任何其他机器人控制操作，它会切断机器人电动机的驱动电源，停止所有运转部件，并切断由机器人系统控制且存在潜在危险的功能部件的电源。出现下列情况时请立即按下任意紧急停止按钮：

1）机器人运行时，工作区域内有工作人员。

2）机器人伤害了工作人员或损伤了机器设备。

5. 灭火

发生火灾时，在确保全体人员安全撤离后再进行灭火，应先处理受伤人员。当电气设备（例如机器人或控制器）起火时，应使用二氧化碳灭火器，切勿使用水或泡沫灭火。

四、安全使用操作规范

机器人使用过程中，主要涉及工作中的安全、示教器的安全、手动模式下的安全和自动模式下的安全4方面的使用操作规范。

1. 工作中的安全

1）如果在机器人工作空间内有工作人员，应手动操作机器人系统。

2）当进入机器人工作空间时，应准备好示教器，以便随时控制机器人。

3）注意旋转或运动的工具，例如切削工具和锯。确保在接近机器人之前，这些工具已经停止运动。

4）注意工件和机器人系统的高温表面。机器人电动机长时间运转后会产生较高温度，避免接触烫伤。

5）注意夹具并确保夹稳工件。如果夹具打开，工件会脱落并导致人员伤害或设备损坏。

6）夹具夹取力量较大，如果不按照正确方法操作，也会导致工作人员受伤害。机器人停机时，夹具上不应置物，必须空机。

7）注意液压、气压系统以及带电部件。即使断电，这些电路中的残余电量也很危险。

2. 示教器的安全

1）小心操作。不要摔打、抛掷或重击示教器，这样会导致示教器破损或故障。在不使用该设备时，将示教器挂到专门存放示教器的支架上，以防意外掉到地上。

2）使用和存放示教器应避免被人踩踏电缆。

3）切勿使用锋利的物体（例如螺钉旋具、刀具或笔尖）操作触摸屏，这样可能会使触摸屏受损。应用手指或触摸笔去操作示教器触摸屏。

4）定期清洁触摸屏。灰尘和小颗粒可能会污损屏幕造成故障。

5）切勿使用溶剂、洗涤剂或擦洗海绵清洁示教器，应使用软布蘸少量水或中性清洁剂清洁。

6）没有连接USB设备时，务必盖上USB端口的保护盖。如果端口暴露在空气中，可能会因灰尘而中断或发生故障。

3. 手动模式下的安全

1）在手动减速模式下，机器人只能减速操作。只要在安全保护空间之内工作，就应始终以手动速度进行操作。

2）手动全速模式下，机器人以程序预设速度移动。手动全速模式应仅用于所有人员都处于安全保护空间之外时，而且工作人员必须经过特殊训练，熟知潜在的危险。

4. 自动模式下的安全

自动模式用于在生产中运行机器人程序。在自动模式下操作时，常规模式停止（GS）机制、自动模式停止（AS）机制和上级停止（SS）机制都将处于活动状态。

任务二　示教器基本设置

【任务目标】

了解 ABB 工业机器人示教器的基本界面组成，掌握示教器的基本设置。

【学习内容】

一、示教器简介

示教器是进行机器人手动操纵、程序编写、参数配置以及监控用的手持装置。ABB 工业机器人示教器是一种叫作 FlexPendant 的手持式操作装置（见图 2-11），它采用 ARM＋WinCE 的方案，通过 TCP/IP 与主控制器（Main Controller）通信。

FlexPendant 主要由触摸屏、急停按钮、手动操作摇杆、使能按钮和触摸屏用笔等几部分组成，各部分的具体作用见表 2-9。

FlexPendant 示教器正面还设有 12 个物理按钮，这些物理按钮可以让操作人员在机器人操作过程中更加便捷，各按钮布局与功能如图 2-12 所示。需要注意的是，这些功能在示教器界面中也可以直接通过触摸屏进行修改控制。

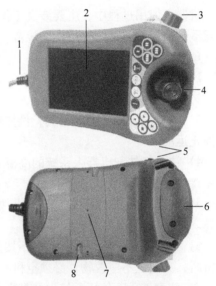

图 2-11　FlexPendant 主要组成示意图

1—连接电缆　2—触摸屏　3—急停按钮
4—手动操作摇杆　5—USB 接口　6—使能按钮
7—触摸屏用笔　8—FlexPendant 复位按钮

表 2-9　FlexPendant 主要组成部分的具体功能

序号	名称	具 体 功 能
1	连接电缆	连接 FlexPendant 与主控制器，负责两者之间的通信
2	触摸屏	触摸屏主要用于人机交互，可以显示机器人各类控制信息，操作人员也可以通过触摸屏对机器人进行相应的操控
3	急停按钮	安全保护装置，用于紧急情况下停止机器人运动。一般情况下，为了安全，关机和停机检修都会按下此按钮
4	手动操作摇杆	手动操作情况下用于机器人运动控制，注意手动操作摇杆除了上下左右运动，还可以旋转运动，具体机器人运动情况需要根据实际手动操作模式确定
5	USB 接口	连接 USB 存储器，可以用于读取或保存文件。需要注意的是，USB 存储器在 FlexPendant 浏览器中显示为驱动器 /USB：可移动的

（续）

序号	名称	具 体 功 能
6	使能按钮	使能按钮是为保证操作人员人身安全而设计的。当发生危险时，出于惊吓，人会本能地将使能按钮松开或按紧，因此使能按钮分为两档 在手动状态下轻松按下使能按钮时为使能按钮第一档按位，这时机器人处于"电机开启"状态。只有在"电机开启"状态才能对机器人进行手动的操作和程序的调试 用力按下使能按钮时为使能按钮第二档按位，这时机器人会处于电动机断电的防护状态，示教器界面显示"防护装置停止"，机器人会马上停止运行，保证人身与设备的安全
7	触摸屏用笔	触摸屏用笔随 FlexPendant 提供，放在 FlexPendant 的后面。使用 FlexPendant 时应当用触摸笔触摸屏幕，切记不要使用螺钉旋具或者其他尖锐的物品，以免损坏屏幕
8	FlexPendant 复位按钮	复位按钮会重置 FlexPendant，注意不是控制器上的系统

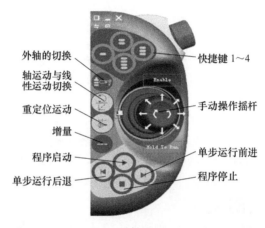

图 2-12　FlexPendant 示教器物理按钮布局与功能

二、 示教器界面功能

FlexPendant 示教器操作界面如图 2-13 所示，主要由 ABB 菜单按钮、操作人员窗口、状态栏和快捷菜单按钮等组成。

操作人员通过操作界面可以快速地掌握机器人的状态，同时也可以便捷地对机器人各种参数进行调节和控制。示教器界面各组成部分具体功能见表 2-10。

表 2-10　示教器界面各组成部分具体功能

序号	名称	具 体 功 能
1	ABB 菜单按钮	可以单击进入 ABB 菜单，如图 2-14 所示
2	操作人员窗口	操作人员窗口显示来自机器人程序的消息。程序需要操作人员做出某种响应以便继续时往往会出现此情况
3	状态栏	状态栏显示与系统状态有关的重要信息，如操作模式、电机开启/关闭、程序状态等
4	关闭按钮	单击关闭按钮将关闭当前打开的视图或应用程序
5	任务栏	通过 ABB 菜单，用户可以打开多个视图，但一次只能操作一个视图。任务栏显示所有打开的视图，并可用于视图切换
6	快捷菜单按钮	快捷菜单包含对微动控制和程序执行进行的设置

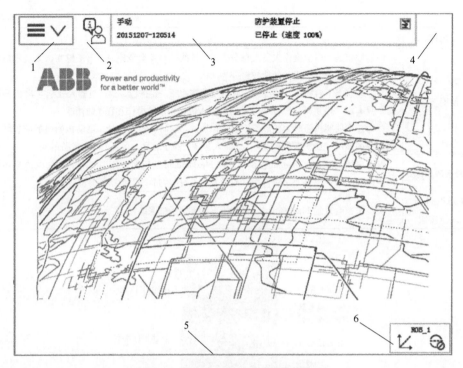

图 2-13　FlexPendant 示教器操作界面

1—ABB 菜单按钮　2—操作人员窗口　3—状态栏　4—关闭按钮（二级菜单下显示）　5—任务栏　6—快捷菜单按钮

三、　操作界面说明

单击操作界面左上角的 ABB 菜单按钮，可以进入 ABB 菜单，如图 2-14 所示，通过菜单可以对机器人进行进一步的设置与编程调试等。

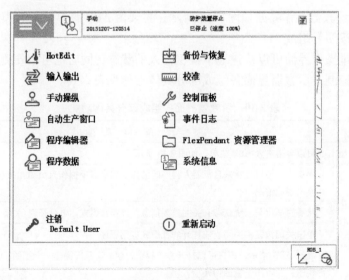

图 2-14　ABB 菜单

ABB 菜单一共包含 HotEdit、输入输出、手动操纵等 12 项操作设置选项，同时还有"注销"和"重新启动"两个选项，具体菜单内容见表 2-11。

表 2-11　ABB 菜单内容

序号	选项名称	说　明
1	HotEdit	程序模块下轨迹点位置的补偿设置窗口
2	输入输出	设置及查看 I/O 视图窗口
3	手动操纵	动作模式设置、坐标系选择、操纵杆锁定及荷重属性的更改窗口，也可显示实际位置
4	自动生产窗口	在自动模式下，可直接调试程序并运行
5	程序编辑器	建立程序模块及例行程序的窗口
6	程序数据	选择编程时所需程序数据的窗口
7	备份与恢复	可备份和恢复系统
8	校准	进行转数计数器和电动机校准的窗口
9	控制面板	进行示教器的相关设定
10	事件日志	查看系统出现的各种提示信息
11	FlexPendant 资源管理器	查看当前系统的系统文件
12	系统信息	查看控制器及当前系统的相关信息

四、　示教器语言设置

示教器出厂时，默认的显示语言为英语，如图 2-15 所示，为了方便操作，下面介绍把显示语言设定为中文的操作，具体步骤见表 2-12。

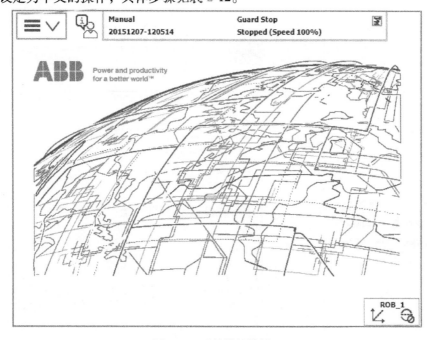

图 2-15　示教器初始界面

表 2-12　语言设置操作步骤

序号	描述	操作步骤图示
1	单击示教器左上角的 ABB 菜单按钮，在 ABB 菜单中单击选择"Control Panel"这一选项	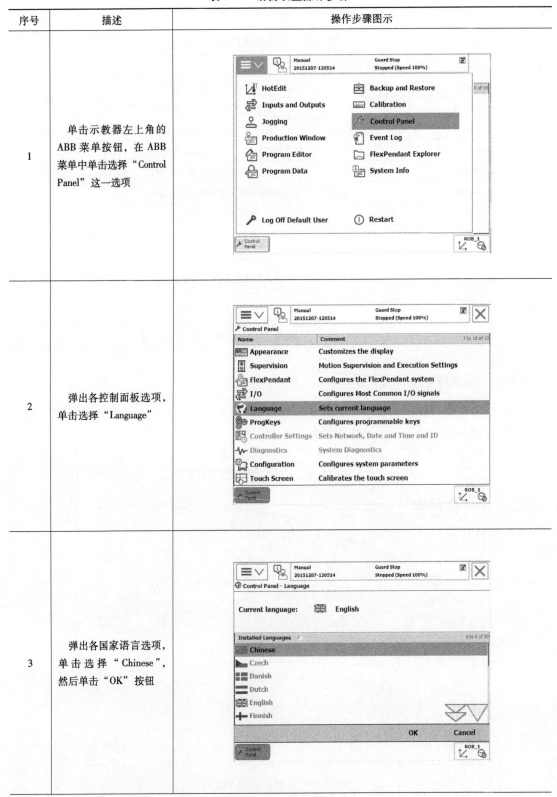
2	弹出各控制面板选项，单击选择"Language"	
3	弹出各国家语言选项，单击选择"Chinese"，然后单击"OK"按钮	

（续）

序号	描述	操作步骤图示
4	弹出系统重启提示，单击"Yes"按钮，系统重启	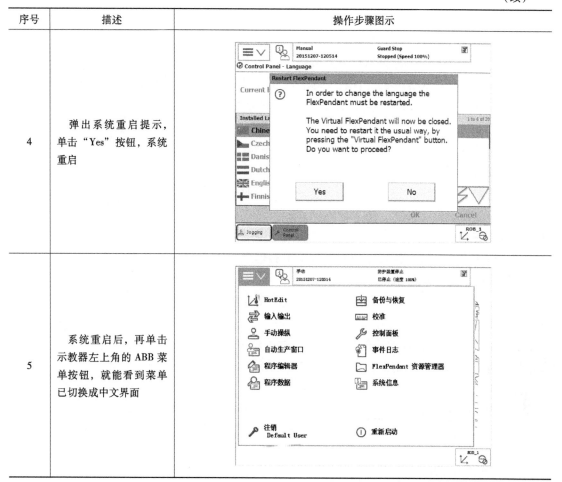
5	系统重启后，再单击示教器左上角的 ABB 菜单按钮，就能看到菜单已切换成中文界面	

五、 系统时间设置

为了方便进行文件的管理和故障的查阅与管理，在进行各种操作之前，要将机器人系统时间设定为本地时区的时间，具体步骤如下：

1）单击示教器左上角的 ABB 菜单按钮。

2）选择"控制面板"，在控制面板选项中选择"控制器设置"。

3）在"控制器设置"选项中可以修改网络、时间和日期以及 ID，选择时间和日期项进行相应的修改即可。

任务三　手动运动功能

【任务目标】

理解 ABB 工业机器人运动功能的定义，熟练掌握运动模式的切换与快捷操作，能初步操作工业机器人。

【学习内容】

本书以 ABB IRB120 型工业机器人为例，介绍工业机器人的基本结构。它的本体分为 6 个关节轴，机器人通过 6 个伺服电动机分别驱动 6 个关节轴，每个轴都可以单独运动，且规定了其正方向。各个关节轴的方向示意如图 2-16 所示。

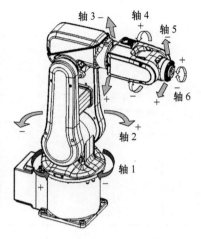

图 2-16　IRB120 型工业机器人各关节轴示意图

工业机器人在手动操作模式下移动时有两种运动模式：默认模式和增量模式。

默认模式：手动操作操纵杆拨动幅度越大，工业机器人运动速度越快，反之亦然。最大速度的高低可以在示教器上调节。在默认模式下，如果对工业机器人位姿进行精确示教，往往因为速度过快难以控制，效果不够理想，一般可将默认模式的速度降低。

增量模式：手动操作操纵杆，每偏转一次，工业机器人移动一步（一步即一个增量），如果操纵杆一直处于偏转状态，则工业机器人将持续移动，速率为 10 步/s。该模式一般用于工业机器人位置的精确调整，其移动增量也有小、中、大之分，也可以由用户自定义，具体如图 2-17 所示。

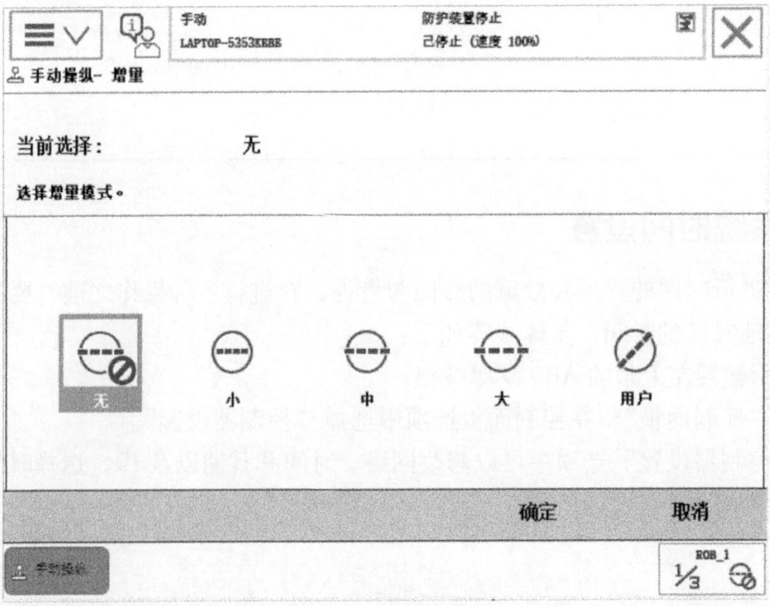

图 2-17　手动操纵增量选择界面

每一种增量对应的移动参数也不一样，主要涉及单位增量移动距离和角度值，具体的参数见表 2-13。

表 2-13 各增量的移动距离和角度大小

序号	增量类型	涉 及 参 数
1	小	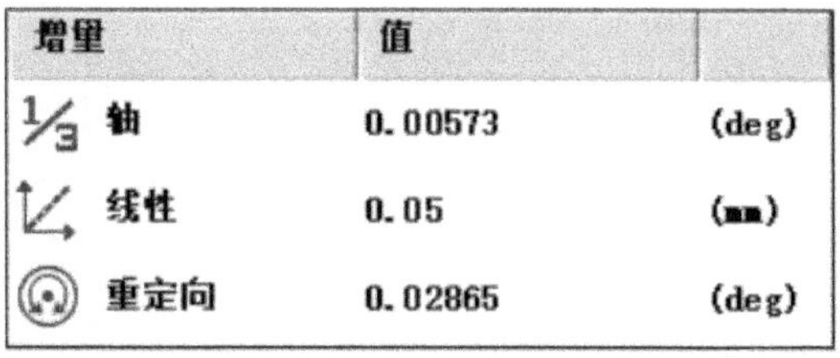 <table><tr><td>增量</td><td>值</td><td></td></tr><tr><td>⅓ 轴</td><td>0.00573</td><td>(deg)</td></tr><tr><td>线性</td><td>0.05</td><td>(mm)</td></tr><tr><td>重定向</td><td>0.02865</td><td>(deg)</td></tr></table>
2	中	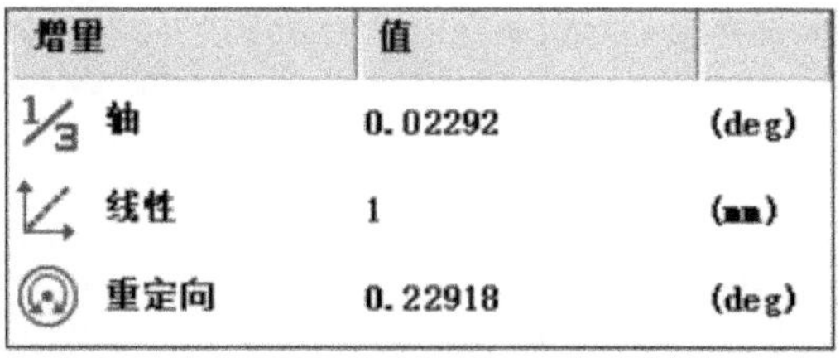 <table><tr><td>增量</td><td>值</td><td></td></tr><tr><td>⅓ 轴</td><td>0.02292</td><td>(deg)</td></tr><tr><td>线性</td><td>1</td><td>(mm)</td></tr><tr><td>重定向</td><td>0.22918</td><td>(deg)</td></tr></table>
3	大	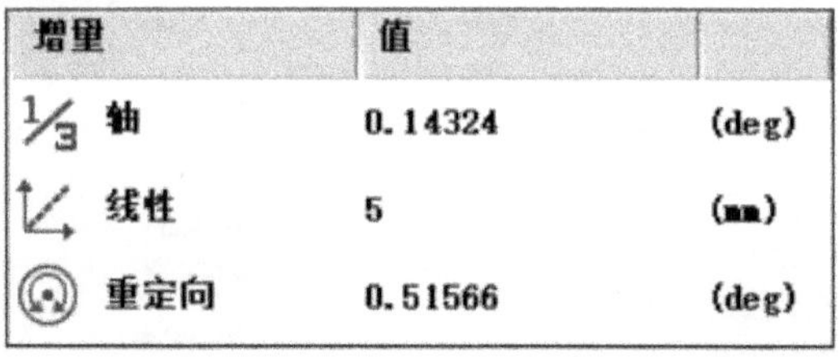 <table><tr><td>增量</td><td>值</td><td></td></tr><tr><td>⅓ 轴</td><td>0.14324</td><td>(deg)</td></tr><tr><td>线性</td><td>5</td><td>(mm)</td></tr><tr><td>重定向</td><td>0.51566</td><td>(deg)</td></tr></table>
4	用户	自定义

ABB 工业机器人手动操作一共有三种模式：单轴运动、线性运动和重定位运动。各种模式都有各自的特点，在使用过程中应当合理地选择运动模式。

一、 单轴运动模式

单轴运动，顾名思义，每次手动操作只能控制一个关节轴的运动。在进行粗略定位和比较大幅度的移动时，单轴运动模式相比其他的手动操作模式会方便快捷很多。其具体操作步骤见表 2-14。

表 2-14 单轴运动模式操作步骤

序号	描述	操作步骤图示
1	将机器人控制柜上的机器人状态钥匙切换到中间的手动限速状态	

（续）

序号	描述	操作步骤图示
2	在状态栏中，确认机器人的状态已经切换为手动，机器人当前为手动状态	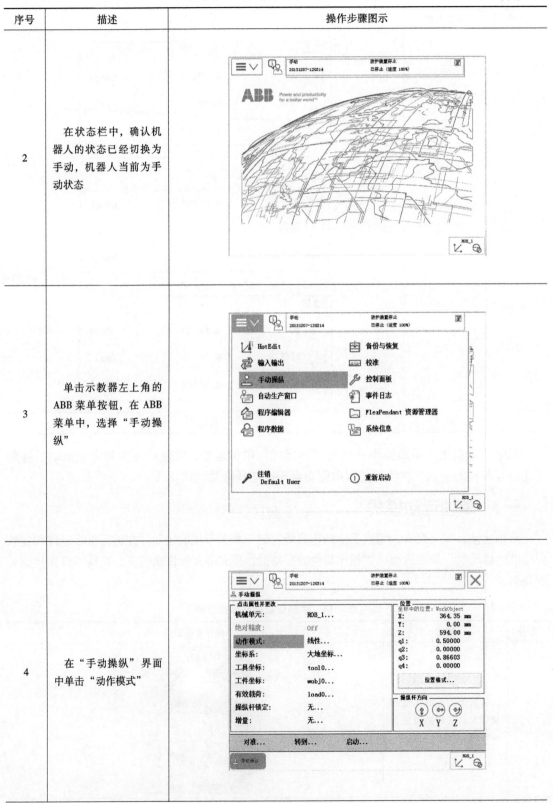
3	单击示教器左上角的 ABB 菜单按钮，在 ABB 菜单中，选择"手动操纵"	
4	在"手动操纵"界面中单击"动作模式"	

（续）

序号	描述	操作步骤图示
5	动作模式有 4 个选项，单轴运动为前两项，选中"轴 1~3"，然后单击"确定"按钮，就可以对机器人轴 1~3 进行操作；选中"轴 4~6"，然后单击"确定"按钮，就可以对机器人轴 4~6 进行操作	
6	单击示教器左上角的 ABB 菜单按钮，在 ABB 菜单中选择"手动操纵"，用手按下使能按钮，并在状态栏中确认已正确进入"电机开启"状态；手动操作机器人控制手柄，完成单轴运动	

二、线性运动模式

线性运动是指安装在机器人轴 6 法兰盘上工具的工具中心点（Tool Central Point，TCP）在空间中做线性运动。该运动模式移动的幅度较小，适合较为精确的定位和移动。其具体操作步骤见表 2-15。

表 2-15　线性运动模式操作步骤

序号	描述	操作步骤图示
1	单击示教器左上角的 ABB 菜单按钮，在 ABB 菜单中选择"手动操纵"	

（续）

序号	描述	操作步骤图示
2	在"手动操纵"界面中单击"动作模式"，并在弹出的"动作模式"界面选择"线性"，然后单击"确定"按钮	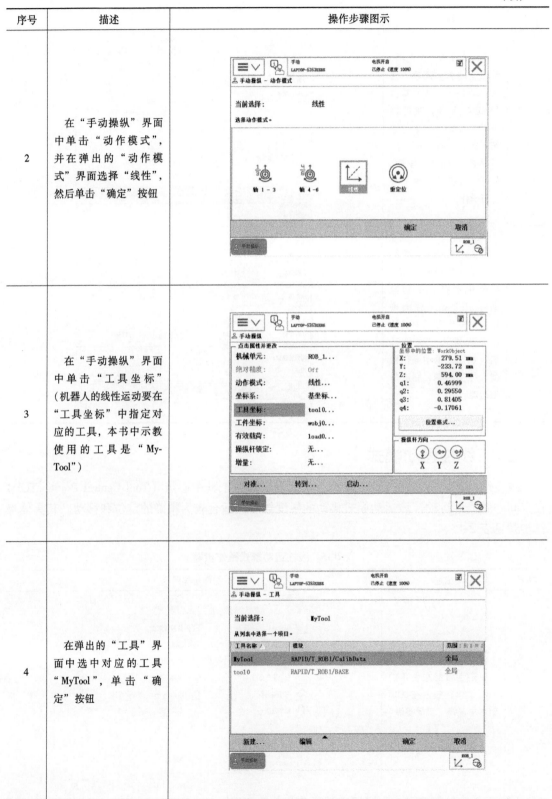
3	在"手动操纵"界面中单击"工具坐标"（机器人的线性运动要在"工具坐标"中指定对应的工具，本书中示教使用的工具是"My-Tool"）	
4	在弹出的"工具"界面中选中对应的工具"MyTool"，单击"确定"按钮	

（续）

序号	描述	操作步骤图示
5	用手按下使能按钮，并在状态栏中确认已正确进入"电机开启"状态；手动操作机器人控制手柄，完成轴 X、Y、Z 的线性运动 操纵示教器上的操纵杆，工具的 TCP 在空间中做线性运动	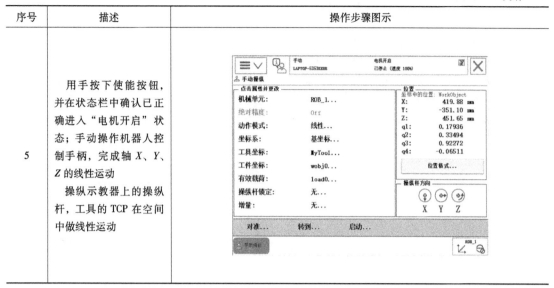

三、重定位运动模式

机器人的重定位运动是指机器人轴 6 法兰盘上工具的 TCP 在空间中绕着坐标轴旋转的运动，也可理解为机器人绕着 TCP 做姿态调整的运动。重定位运动的手动操作可以对 TCP 做全方位的移动和调整。其具体操作步骤可参照线性运动，不一样的是，在"动作模式"界面选择的是"重定位"（见图 2-18），其次要注意的是重定位运动围绕的点是选定的 TCP，可以是默认工具的 TCP，也可以是安装的工具上的 TCP。

图 2-18 选择"重定位"动作模式

四、 手动操作快捷键操作

手动操作模式下，通过 FlexPendant 示教器物理按钮，可以进行快捷操作，具体按钮布局及功能如图 2-12 所示。快捷键的功能主要包括外轴的切换、轴运动与线性运动的切换、重定位运动、增量调节以及程序调试过程当中的控制，另外通过 4 个自定义快捷键的设置，可以控制信号的产生与关闭，方便程序调试。除此之外，工业机器人手动操作模式下触摸屏上也有一系列的快捷设置按钮，可以便捷地进行相关参数设置，具体操作步骤见表 2-16。

表 2-16 手动操作模式下快捷设置菜单操作步骤

序号	描　述	操作步骤图示
1	单击屏幕右下角的快捷菜单按钮	
2	单击"手动操作"按钮，可以对当前的动作模式、工具数据和工件坐标进行设置	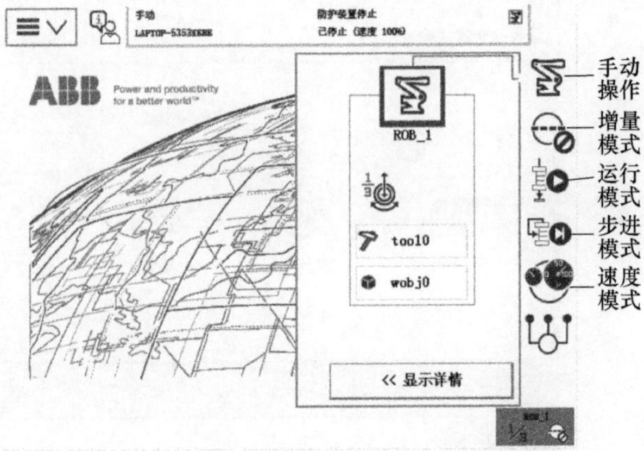

（续）

序号	描 述	操作步骤图示
3	单击"显示详情"展开菜单；还可以对当前的操纵杆速度、增量开/关、坐标系选择等进行设置	
4	单击"增量模式"按钮，可以选择需要的增量	
5	如需自定义增量值，可以选择"用户模块"，然后单击"显示值"展开菜单，就可以进行增量值的自定义	

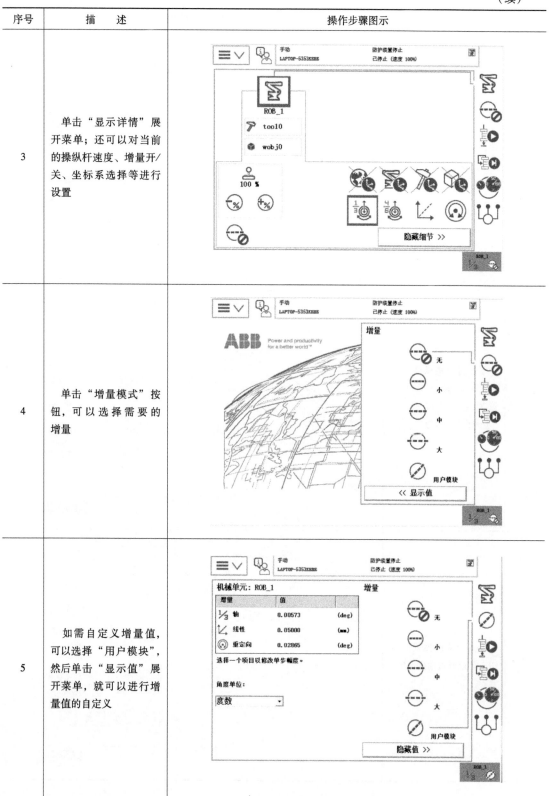

（续）

序号	描　述	操作步骤图示
6	单击"运行模式"按钮，可以选择程序运行模式，选项包括"单周""连续"	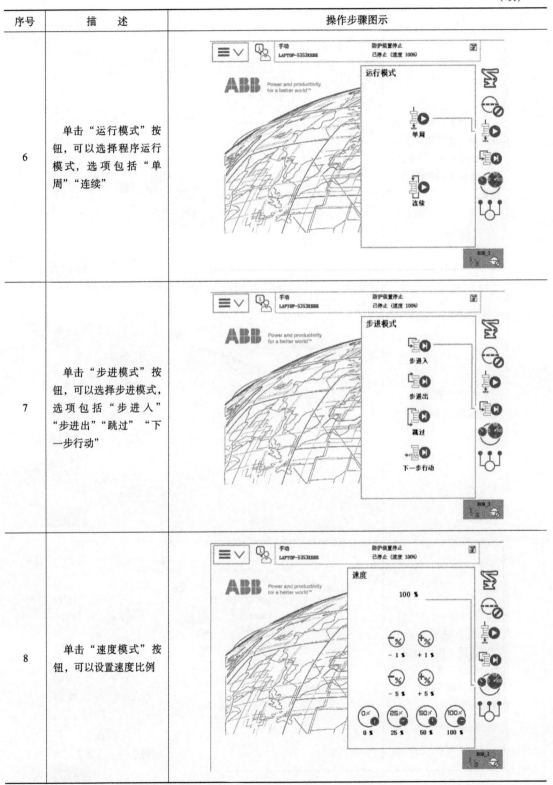
7	单击"步进模式"按钮，可以选择步进模式，选项包括"步进入""步进出""跳过""下一步行动"	
8	单击"速度模式"按钮，可以设置速度比例	

任务四 坐标系的设置

【任务目标】

了解坐标系定义、分类，掌握工具坐标系与工件坐标系的设置方法。

【学习内容】

一、坐标系简介

坐标系是从一个称为原点的固定点通过轴定义的平面或空间。工业机器人的目标和位置是通过沿坐标系轴的测量来定位的，如图 2-19 所示。

工业机器人系统中可使用若干坐标系，每一种坐标系都可以适用于特定类型的控制或编程，常用的坐标系主要有以下几种。

1. 基坐标系

基坐标系位于工业机器人基座，如图 2-20 所示，使用该坐标系可以方便地将工业机器人从一个位置移动到另一个位置。该坐标系在工业机器人基座中有相应的零点，操纵示教器操纵杆向前和向后可使工业机器人沿 X 轴移动，向两侧可使工业机器人沿 Y 轴移动，旋转操纵杆可使工业机器人沿 Z 轴移动。

图 2-19 工业机器人与坐标系

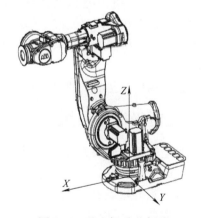

图 2-20 基坐标系示意图

2. 工件坐标系

该坐标系与工件有关，通常用于对工业机器人进行编程。工件坐标系对应工件，其定义位置是相对于大地坐标系（或其他坐标系）的位置，如图 2-21 所示。一个机器人可以拥有若干工件坐标系，或者表示不同工件，或者表示同一工件在不同位置的若干副本。

3. 工具坐标系

该坐标系定义工业机器人到达预设目标时所使用工具的位置，如图 2-22 所示。工具坐标系将工具中心点设为零点，由此定义工具的位置和方向，经常缩写为 TCPF（Tool Center Point Frame）。所有关节型机器人在轴 6 法兰盘原点处都有一个预定义工具坐标系，即 tool0，新工具坐标系的位置一般是预定义工具坐标系 tool0 的偏移值。

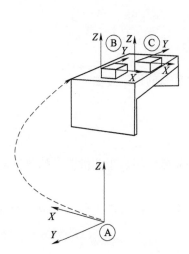

图 2-21　工件坐标系示意图

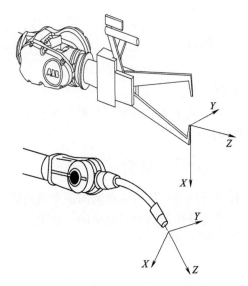

图 2-22　工具坐标系示意图

4. 大地坐标系

该坐标系可定义工业机器人单元，所有其他的坐标系均与大地坐标系直接或间接相关。它适用于手动操纵、一般移动以及处理具有若干工业机器人或外轴移动机器人的工作站和工作单元。大地坐标系在工作单元或工作站中的固定位置有相应的零点，有助于处理若干个机器人或由外轴移动的机器人。在默认情况下，大地坐标系与基坐标系是一致的。

5. 用户坐标系

该坐标系是用户自己定义的，一般在表示持有其他坐标系的设备（如工件）时用到。

二、工具坐标系设置

设置工具坐标系前先要知道工具数据 tooldata 的定义，它描述的是安装在工业机器人轴 6 上的工具坐标 TCP、质量、重心等参数数据。所有 ABB 工业机器人在手腕处都有一个预定义的工具坐标系，该坐标系被称为 tool0。默认工具（tool0）的工具中心点位于机器人安装法兰的中心，如图 2-23 所示。执行程序时，机器人将 TCP 移至编程位置。一般情况下，机器人的应用场景不同，会配置不同的工具，以便完成指定操作。

图 2-23　默认工具（tool0）位置示意图

在工业机器人应用过程中，当工具重新安装、更换工具或工具使用后出现运动误差时，需要重新定义工具坐标系，具体操作步骤如下：

1）在机器人工作范围内找一个非常精确的固定点作为参考点，一般机器人会附带一个用于定义工具坐标系的圆锥件。

2）在工具上确定一个参考点，最好是工具中心点。

3）用手动操纵机器人的方法去移动工具上的参考点，以 4 种以上不同的机器人姿态尽可能与固定点刚好碰上。

4）机器人通过这几个位置点的位置数据计算求得 TCP 的数据，然后 TCP 的数据就保存在 tooldata 这个程序数据中被程序调用。

ABB 工业机器人定义工具坐标系的时候有 3 种方法：第 1 种是 N（$3 \leqslant N \leqslant 9$）点法，不改变 tool0 的坐标方向；第 2 种是"TCP 和 Z"法，改变 tool0 的 Z 方向；第 3 种是"TCP 和 Z，X"法，改变 tool0 的 X 和 Z 方向（在焊接机器人中最为常用）。

本小节的案例中将使用"TCP 和 Z，X"法进行操作演示。为了获得更准确的 TCP，前 3 个点的姿态相差尽量大些，第 4 点是用工具的参考点垂直于固定点，第 5 点是工具参考点从固定点向将要设定为 TCP 的 X 方向移动，第 6 点是工具参考点从固定点向将要设定为 TCP 的 Z 方向移动，具体操作步骤见表 2-17。

表 2-17　工具坐标系设置

序号	描　述	操作步骤图示
1	单击 ABB 菜单按钮，在 ABB 菜单中选择"手动操纵"	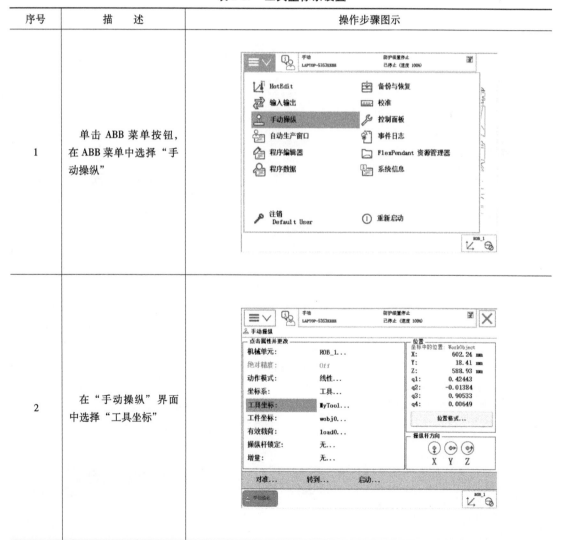
2	在"手动操纵"界面中选择"工具坐标"	

（续）

序号	描　述	操作步骤图示
3	在弹出的"工具"界面中单击"新建"按钮	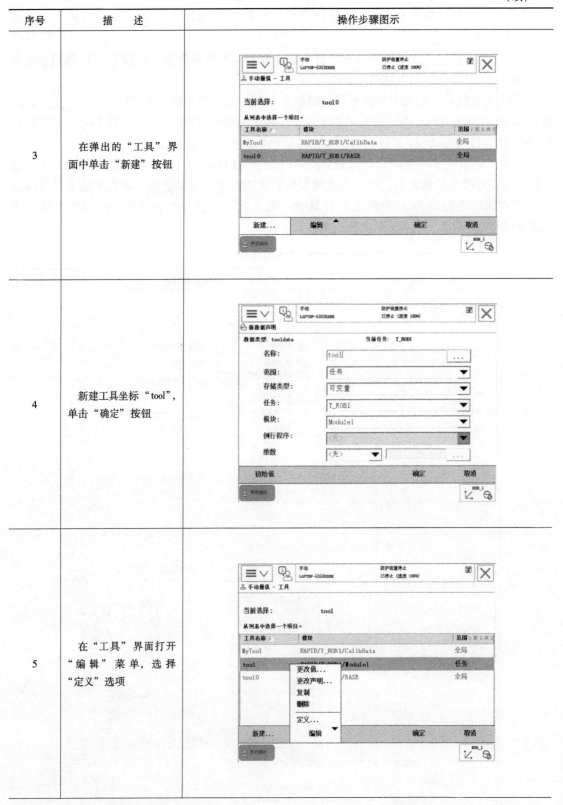
4	新建工具坐标"tool"，单击"确定"按钮	
5	在"工具"界面打开"编辑"菜单，选择"定义"选项	

（续）

序号	描　述	操作步骤图示
6	在弹出的"工具坐标定义"界面中选择"方法"为"TCP 和 Z，X"，"点数"设定为"4"	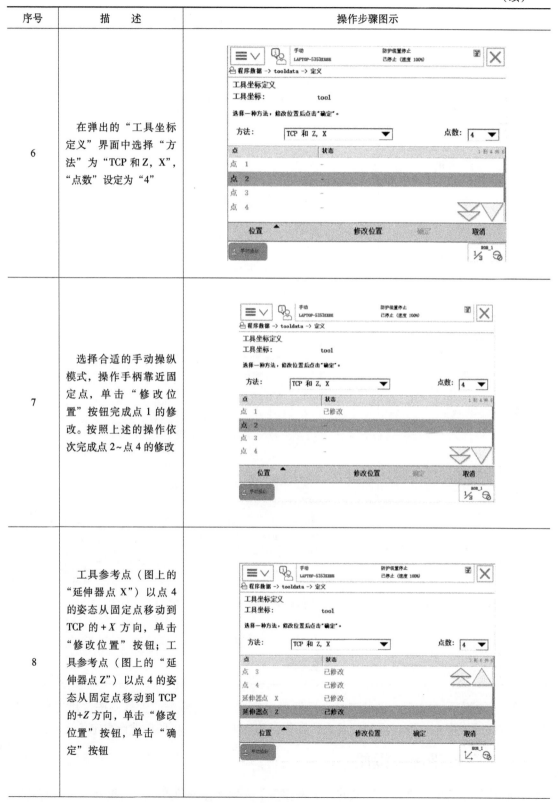
7	选择合适的手动操纵模式，操作手柄靠近固定点，单击"修改位置"按钮完成点 1 的修改。按照上述的操作依次完成点 2~点 4 的修改	
8	工具参考点（图上的"延伸器点 X"）以点 4 的姿态从固定点移动到 TCP 的 +X 方向，单击"修改位置"按钮；工具参考点（图上的"延伸器点 Z"）以点 4 的姿态从固定点移动到 TCP 的 +Z 方向，单击"修改位置"按钮，单击"确定"按钮	

（续）

序号	描　述	操作步骤图示
9	查看误差，越小越好，但也要以实际验证效果为准。确认结果后单击"确定"按钮	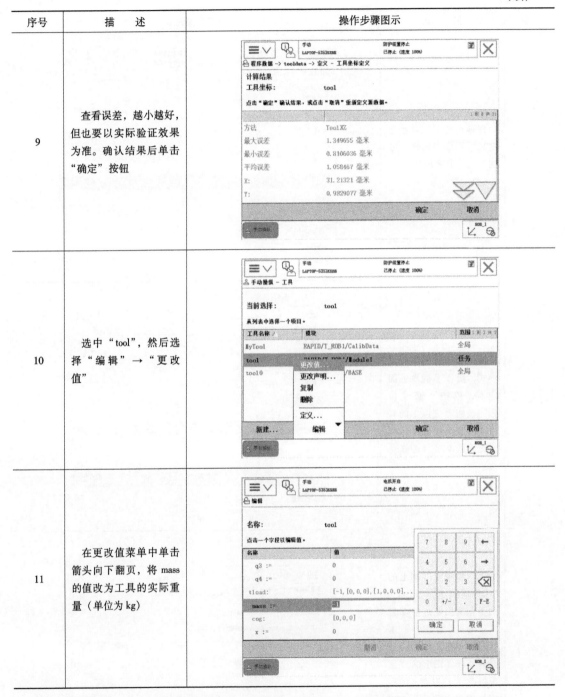
10	选中"tool"，然后选择"编辑"→"更改值"	
11	在更改值菜单中单击箭头向下翻页，将 mass 的值改为工具的实际重量（单位为 kg）	

单击"确定"按钮后，新的工具坐标就建立完成了，选择新的工具，按照重定位动作模式，操作改变姿态，可以看到机器人将围绕新建的工具 tool 的 TCP 进行重定位运动。

三、工件坐标系设置

工件坐标系对应工件，它定义的是工件相对于大地坐标的位置。一个机器人可以有若干个工件坐标系，或者表示不同工件，或者表示同工件在不同位置的若干副本。机器人进行编程时就是在工件坐标系中创建目标和路径，设置工件坐标系能带来如下优点：

1）重新定位工作站中的工件时，只需更改工件坐标的位置，所有路径将随之更新，不需要重新编辑路径。

2）允许操作随外部轴或传送导轨移动工件，因为整个工件可连同其路径一起移动。

3）通过机器人寻找指令（search）与工件坐标系（Wobj）联合使用，可以使机器人工作位置更柔性。

如图 2-24 所示，A 是机器人的大地坐标系，为了方便编程，给第一个工件建立了一个工件坐标系 B，并在这个工件坐标系 B 中进行轨迹编程。如果工作台上还有一个一样的工件需要走一样的轨迹，那么只需建立一个工件坐标系 C，将工件坐标系 B 中的轨迹复制一份，然后将工件坐标从 B 更新为 C，则无须对一样的工件进行重复轨迹编程了。

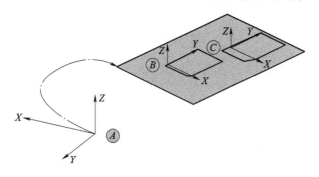

图 2-24　工件坐标示意图 1

如图 2-25 所示，如果在工件坐标系 B 中对 A 对象进行了轨迹编程，当工件坐标位置变化成工件坐标系 D 后，只需在机器人系统中重新定义工件坐标系 D，则机器人的轨迹就自动更新到 C，不需要再次进行轨迹编程。因为 A 相对于 B、C 相对于 D 的关系是一样的，并没有因为整体偏移而发生变化。

如图 2-26 所示，在对象的平面上，只需要定义三个点，就可以建立一个新的工件坐标。其中 X_1 点确定工件的原点，X_1、X_2 确定工件坐标轴 X 正方向，X_1、Y_1 确定工件坐标轴 Y 正方向。其具体操作步骤见表 2-18。

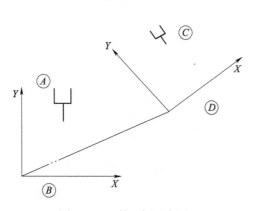

图 2-25　工件坐标示意图 2

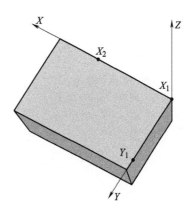

图 2-26　工件坐标定义示意图

表 2-18　工件坐标系设置

序号	描述	操作步骤图示
1	在"手动操纵"界面中选择"工件坐标"	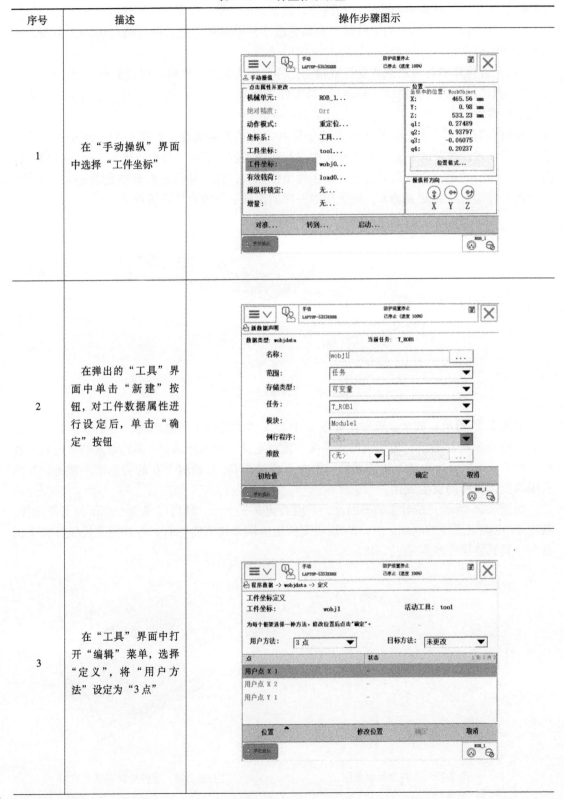
2	在弹出的"工具"界面中单击"新建"按钮，对工件数据属性进行设定后，单击"确定"按钮	
3	在"工具"界面中打开"编辑"菜单，选择"定义"，将"用户方法"设定为"3点"	

（续）

序号	描述	操作步骤图示
4	手动操作机器人的工具参考点靠近定义工件坐标的 X_1 点，单击"修改位置"按钮，将 X_1 点记录下来；依次完成 X_2 点和 Y_1 点的位置修改；最后单击"确定"按钮	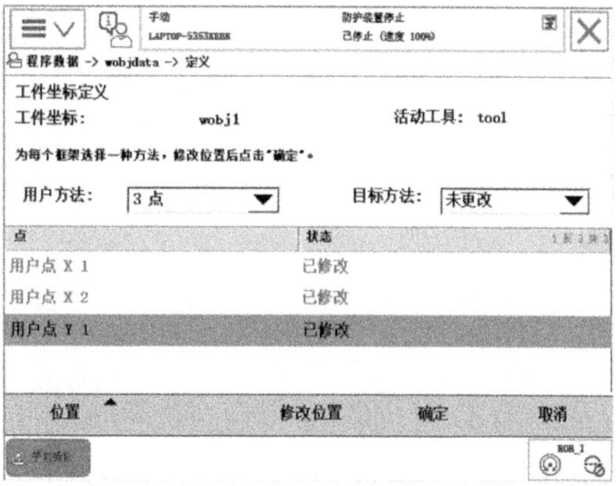
5	对工件位置进行确认后，单击"确定"按钮	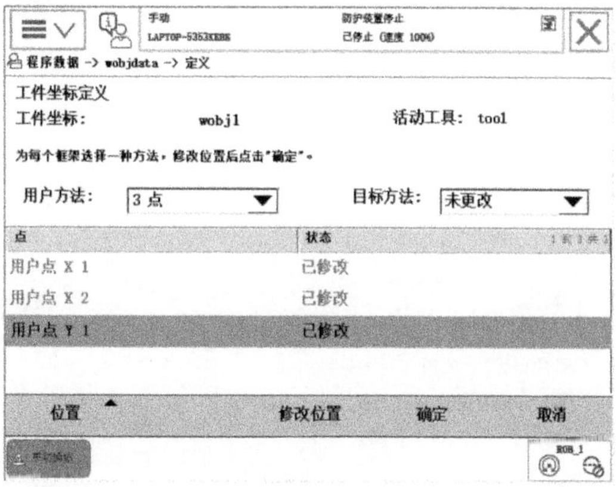

工件坐标系建立好后，可以选择新创建的工件坐标系，按下使能器，用手拨动机器人手动操作摇杆使用线性动作模式，观察在新的工件坐标系下移动的情况，由此来检查新的工件坐标系。

任务五　工业机器人参数管理

【任务目标】

了解机器人参数设置，掌握转数计算器更新、关节轴转动角度等参数设置方法。

【学习内容】

一、常用信息与事件日志查看

示教器操作界面的状态栏可以显示 ABB 工业机器人的常用信息，人们可以通过这些信息了解机器人当前所处的状态以及存在的问题，如图 2-27、图 2-28 所示。

机器人状态：分为手动、全速手动和自动三种状态。图 2-27 所示机器人处于手动状态。

图 2-27 示教器操作界面

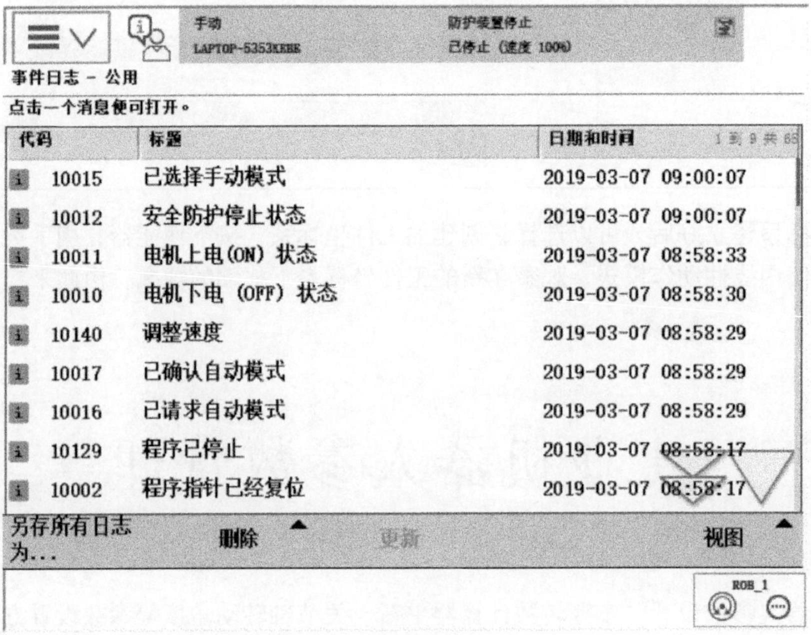

图 2-28 机器人的事件日志

机器人电动机状态：使能按钮第一档按下会显示"电机开启"，松开或第二档按下会显示防护装置停止。图 2-27 所示机器人处于防护装置停止状态。

机器人系统信息：主要显示当前机器人系统名称。

机器人程序运行状态：显示程序的运行或停止，括号中标注的是当前运动速度。

在示教器的操作界面上单击状态栏，就可以查看机器人的事件日志（见图2-28）。

二、 数据备份与系统恢复

机器人在日常使用时经常会用到数据备份与恢复。

1. 数据备份步骤

数据备份步骤详见表2-19。

表 2-19　数据备份步骤

序号	描述	操作步骤图示
1	单击 ABB 菜单按钮，在 ABB 菜单中选择"备份与恢复"	
2	在弹出的"备份与恢复"界面中单击"备份当前系统"按钮	
3	单击"ABC"按钮，进行存放备份数据目录名称的设定；单击"…"按钮，选择备份存放的位置，可以是机器人硬盘，也可以是USB存储设备；单击"备份"按钮进行备份操作	

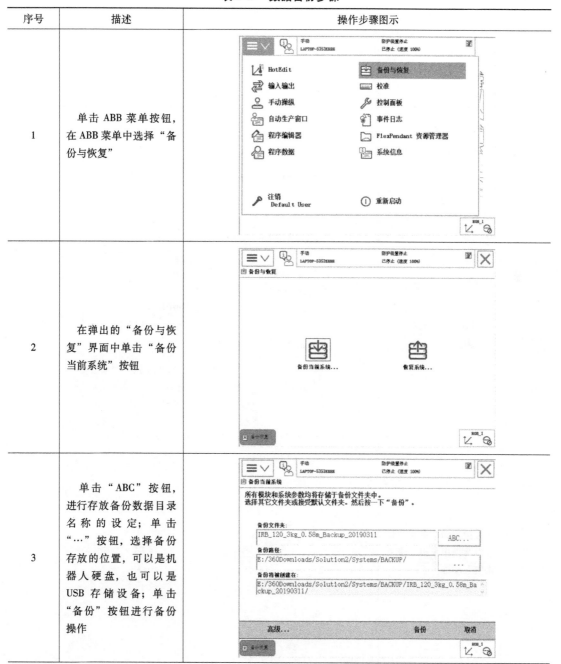

（续）

序号	描述	操作步骤图示
4	等待备份完成	 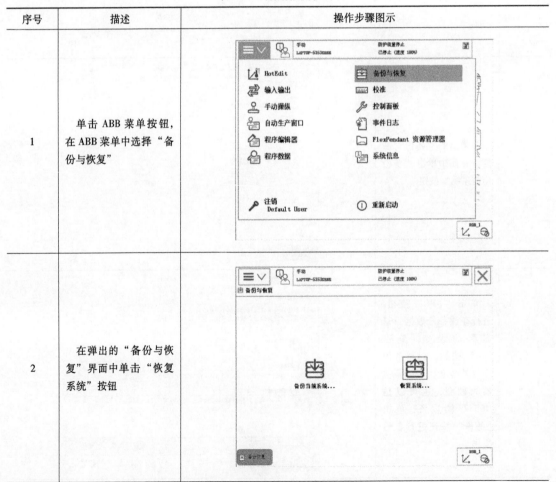

2. 数据恢复步骤

数据恢复步骤详见表2-20。

表2-20 数据恢复步骤

序号	描述	操作步骤图示
1	单击 ABB 菜单按钮，在 ABB 菜单中选择"备份与恢复"	
2	在弹出的"备份与恢复"界面中单击"恢复系统"按钮	

（续）

序号	描述	操作步骤图示
3	单击"···"按钮，选择备份文件存放的文件夹位置，单击"恢复"按钮	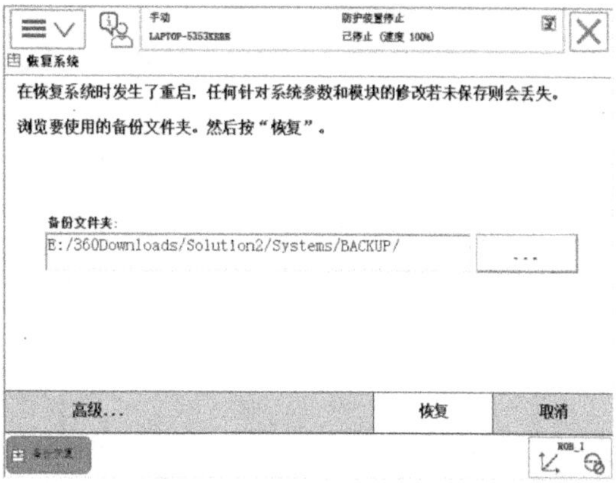
4	在弹出的对话框中单击"是"按钮开始恢复	

三、 重启机器人系统

在使用机器人过程中会用到重启操作，ABB 工业机器人重新启动的类型包括重启、重置系统、重置 RAPID、恢复到上次自动保存的状态和关闭主计算机，各类型说明见表 2-21。

表 2-21　ABB 工业机器人重启类型说明

重启类型	说　明
重启	使用当前的设置重新启动当前系统
重置系统	重启并将丢弃当前的系统参数设置和 RAPID 程序，将会使用原始的系统安装设置
重置 RAPID	重启并将丢弃当前的 RAPID 程序和数据，但会保留系统参数设置
恢复到上次自动保存的状态	重启并尝试回到上一次自动保存的系统状态。一般在从系统崩溃中恢复时使用
关闭主计算机	关闭机器人控制系统，应在控制器 UPS 故障时使用

ABB 工业机器人重启的具体操作步骤见表 2-22。

表 2-22　ABB 工业机器人重启的操作步骤

序号	描述	操作步骤图示
1	单击 ABB 菜单按钮，在 ABB 菜单中单击"重新启动"按钮	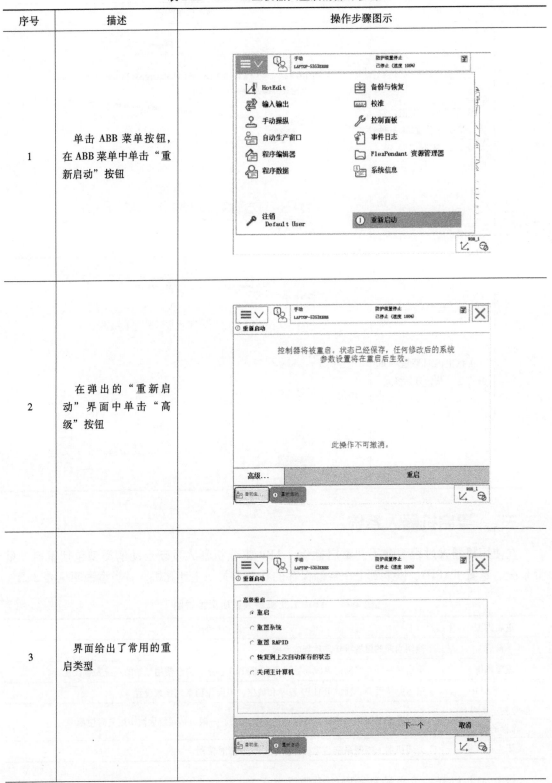
2	在弹出的"重新启动"界面中单击"高级"按钮	
3	界面给出了常用的重启类型	

（续）

序号	描述	操作步骤图示
4	以重置 RAPID 为例说明重新启动的操作，选中"重置 RAPID"，然后单击"下一个"按钮	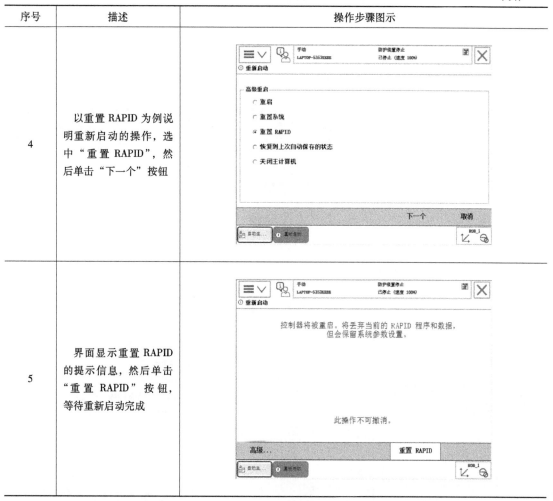
5	界面显示重置 RAPID 的提示信息，然后单击"重置 RAPID"按钮，等待重新启动完成	

四、 转数计数器更新

机器人的转数计数器用独立的电池供电，用来记录各个轴的数据。如果示教器提示电池没电，或者在机器人断电情况下机器人手臂位置移动了，就需要对计数器进行更新，否则机器人的运行位置是不准的。当发生以下5种情况时，需要对机械原点的位置进行转数计数器更新操作。

1）更换伺服电动机转数计数器电池后。

2）当转数计数器发生故障，修复后。

3）转数计数器与测量板之间断开后。

4）断电后，机器人关节轴发生了位移时。

5）当系统报警提示"10036 转数计数器未更新"时。

ABB 工业机器人6个关节轴都有各自的机械原点位置，转数计数器的更新也就是先将机器人各个轴停到机械原点，把各轴上的刻度线和对应的槽对齐，然后在示教器中进行校准更新，具体操作步骤见表2-23。

表 2-23　转数计数器更新操作步骤

序号	描述	操作步骤图示
1	手动操纵，在轴动作模式下控制各关节轴转动至原点位置（关节轴处于 0°，各关节轴运动的顺序为轴 4→轴 5→轴 6→轴 1→轴 2→轴 3	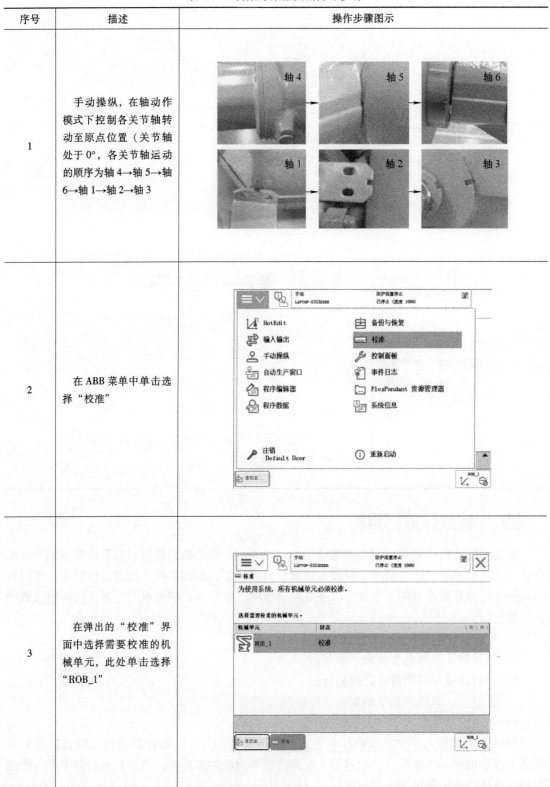
2	在 ABB 菜单中单击选择"校准"	
3	在弹出的"校准"界面中选择需要校准的机械单元，此处单击选择"ROB_1"	

（续）

序号	描述	操作步骤图示
4	单击"手动方法（高级）"按钮	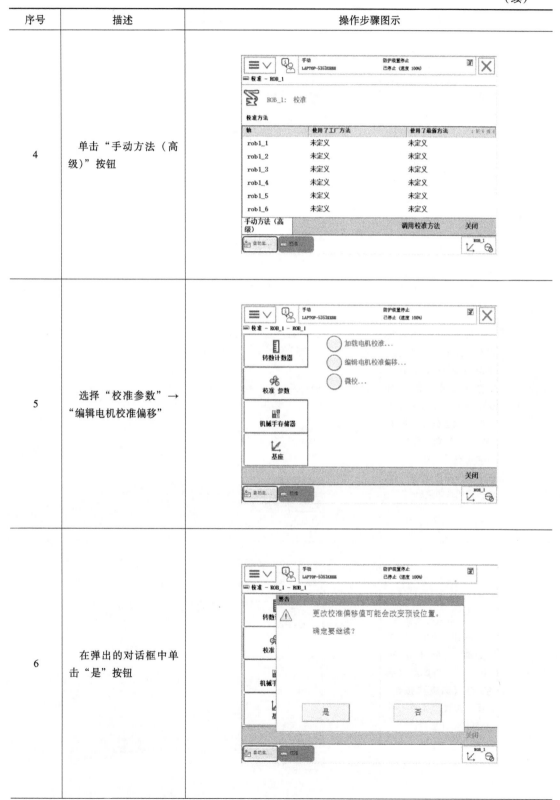
5	选择"校准参数"→"编辑电机校准偏移"	
6	在弹出的对话框中单击"是"按钮	

（续）

序号	描述	操作步骤图示
7	弹出"编辑电机校准偏移"界面，可对6个轴的偏移参数进行修改。将机器人本体上电动机校准偏移值记录下来，可在位于下臂上底座或机架上的凸缘板下的标签上找到正确的校准值，参照参数对校准偏移值进行修改	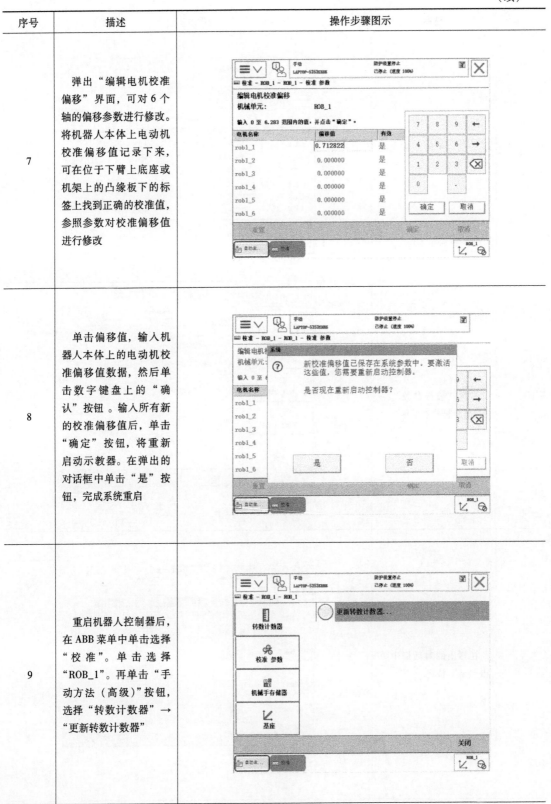
8	单击偏移值，输入机器人本体上的电动机校准偏移值数据，然后单击数字键盘上的"确认"按钮。输入所有新的校准偏移值后，单击"确定"按钮，将重新启动示教器。在弹出的对话框中单击"是"按钮，完成系统重启	
9	重启机器人控制器后，在ABB菜单中单击选择"校准"。单击选择"ROB_1"。再单击"手动方法（高级）"按钮，选择"转数计数器"→"更新转数计数器"	

（续）

序号	描述	操作步骤图示
10	在弹出的对话框中单击"是"按钮	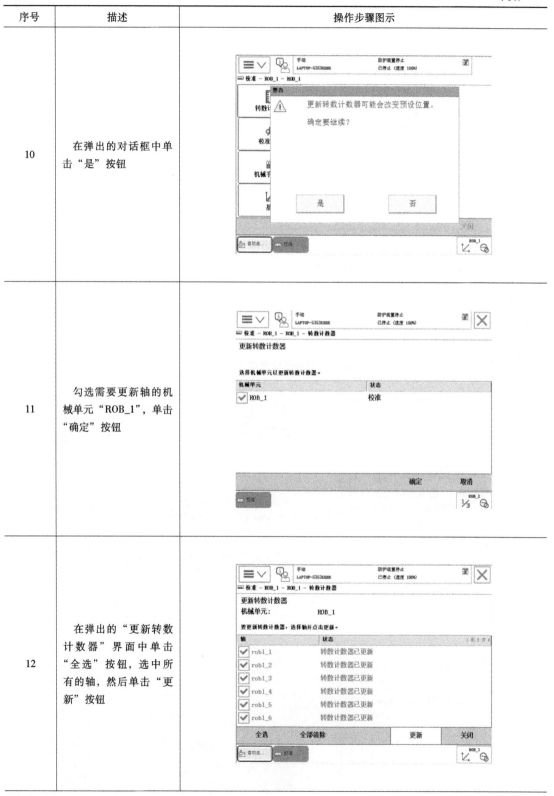
11	勾选需要更新轴的机械单元"ROB_1"，单击"确定"按钮	
12	在弹出的"更新转数计数器"界面中单击"全选"按钮，选中所有的轴，然后单击"更新"按钮	

（续）

序号	描述	操作步骤图示
13	在弹出的窗口中单击"更新"按钮，然后等待系统完成更新工作，当显示"转数计数器更新已成功完成"时，单击"确定"按钮，转数计数器更新完毕	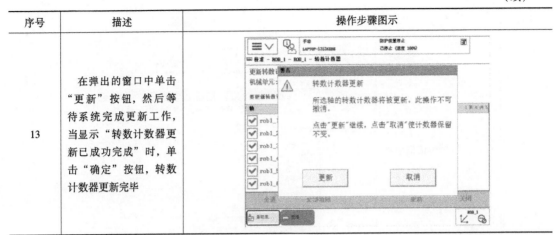

五、 关节轴转动角度设置

机器人工作时，因为工作环境和控制的需要，要对单个轴进行运动范围的限定，通过对单个轴的上限和下限角度值进行设定，可以完成运动范围的限定，注意设定的数据单位是 rad（弧度），1rad ≈ 57.3°，具体操作步骤见表 2-24。

表 2-24 关节轴转动角度设置操作步骤

序号	描述	操作步骤图示
1	在 ABB 菜单中单击选择"控制面板"；在弹出的"控制面板"界面中选择"配置"，进入系统参数配置	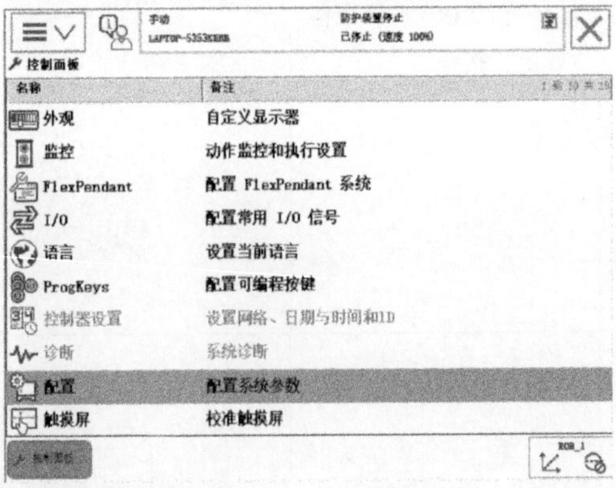
2	选择"主题"→"Motion"	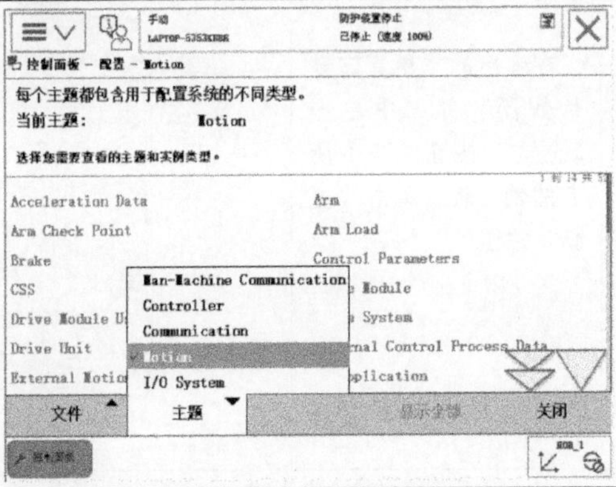

（续）

序号	描述	操作步骤图示
3	找到"Arm"，单击进入	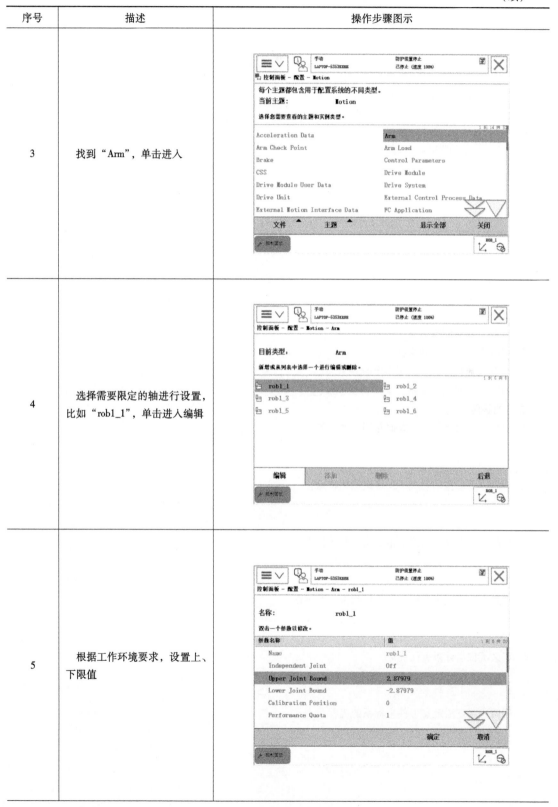
4	选择需要限定的轴进行设置，比如"rob1_1"，单击进入编辑	
5	根据工作环境要求，设置上、下限值	

（续）

序号	描述	操作步骤图示
6	确定数据修改无误后，单击"确定"按钮保存数据，并重启机器人。至此，机器人 rob1_1 关节轴就限定在设置范围内运动了	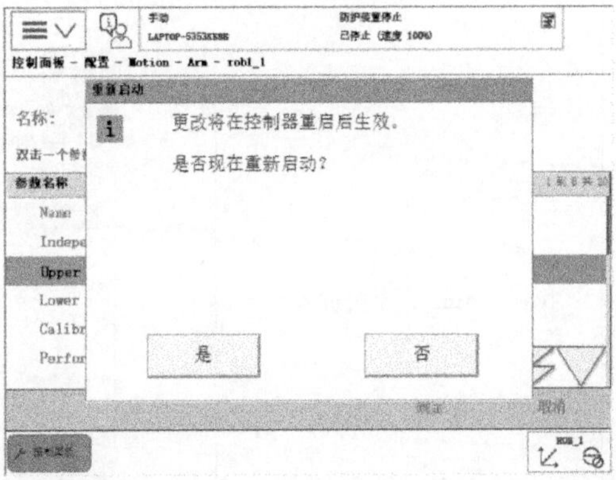

习　题

一、填空题

1. ABB 工业机器人示教器的名称是_____。

2. ABB 工业机器人手动操作有_____、_____和_____三种模式。

3. ABB 工业机器人基坐标系位于_____。

4. ABB 工业机器人定义工具坐标系有_____、_____和_____三种方法。

5. ABB 工业机器人重新启动的类型包括_____、_____、_____、_____和_____。

二、简答题

1. 示教器上的使能按钮有何作用？如何使用？

2. 请简述手动操作模式下线性运动的特点。

3. 请简述手动操作模式下重定位运动的特点。

4. 工具坐标系定义完成后，如何检验其准确性？

5. 定义工件坐标系有何优点？

6. 请简述 3 点法定义工件坐标系的流程。

项目三 搬运工作站编程与操作

PROJECT 3

【模块目标】

了解搬运工作站的用途与基本组成；了解 ABB 工业机器人的 I/O 通信种类，掌握 I/O 板、I/O 信号配置方法，能根据要求配置信号并仿真信号，熟练掌握信号的快捷键配置方法；初步了解 RAPID 编程语言、编程框架，掌握工业机器人程序管理方法；理解工业机器人的运动方式，理解工业机器人关节、直线、圆弧等运动指令的组成与意义，掌握等待与偏移等指令功能，能根据要求完成搬运工作站的程序结构设计与程序编制。

任务一 搬运工作站认知

【任务目标】

了解搬运工作站的用途与基本组成。

【学习内容】

搬运机器人（Transfer Robot）是可以进行自动化搬运作业的工业机器人。最早的搬运机器人出现在 1960 年的美国，Versatran 和 Unimate 两种机器人首次用于搬运作业。搬运作业是指用一种设备握持工件，使工件从一个加工位置移到另一个加工位置。

搬运机器人可安装不同的末端执行器，以完成各种不同形状和状态的工件搬运工作，大大减轻了人类繁重的体力劳动。世界上使用的搬运机器人有逾 10 万台，被广泛应用于机床上下料、压力机自动化生产线、自动装配流水线、码垛搬运、集装箱等的自动搬运中。部分发达国家已规定人工搬运的最大限值，超过限值时必须由搬运机器人来完成。

一般来说，搬运机器人具有以下特点：

1）具备根据物品特点选用或设计的物品传送装置。

2）具备准确的物品定位装置，便于机器人抓取物品。

3）多数情况下设有可自动交换的物品托板，便于物品的快速供给。

4）多层码垛时可能需要整形。

5）根据搬运的物品不同，使用不同的末端执行器。

6）应选用适合于搬运的机器人。

通常来说，搬运工作站是高度集成化的系统，它包括工业机器人、控制器、PLC、机器人夹爪、托盘等，形成一个完整的集成化的搬运系统。

本任务中使用的是如图 3-1 所示的搬运工作站，它可以利用 IRB120 型机器人将黑色物料从工件台的起始点移动到目标点。

本工作站的主要组成部件有工具库、托盘、IRB120 型机器人、工作台以及机器人控制器等。若要完成机器人搬运工作，需要设计机器人的 I/O 点、夹爪安装程序、夹爪释放程序、搬运程序等。

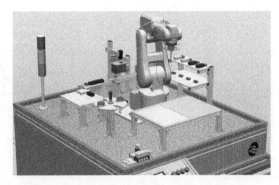

图 3-1　搬运工作站

任务二　I/O 板标准版与信号配置

【任务目标】

了解 ABB 工业机器人 I/O 通信种类，掌握 I/O 板、I/O 信号的配置方法，能根据要求配置信号并仿真信号，熟练掌握信号的快捷键配置方法。

【学习内容】

在了解 ABB 工业机器人 I/O 通信种类及常用标准 I/O 板的基础上，对 DSQC652 标准 I/O 板进行配置，定义总线连接、数字输入/输出信号、组输入/输出信号。

一、ABB 工业机器人 I/O 通信种类

ABB 工业机器人提供了丰富的 I/O 通信接口，可以轻松地实现与周边设备进行通信。其通信方式见表 3-1，其中 RS232 通信、OPC Server、Socket Message 是与 PC 通信时的通信协议，PC 通信接口需要选择选项 "PC-INTERFACE" 才可以使用；DeviceNet、PROFIBUS、PROFIBUS-DP、PROFINET、EtherNet IP 则是不同厂商推出的现场总线协议，使用何种现场总线，要根据需要进行选配；如果使用 ABB 标准 I/O 板，就必须有 DeviceNet 总线。

表 3-1　ABB 工业机器人通信方式

通信类型	通信方式
PC	RS232 通信、OPC Server、Socket Message
现场总线	DeviceNet、PROFIBUS、PROFIBUS-DP、PROFINET、EtherNet IP
ABB 标准	标准 I/O 板、PLC、…

关于 ABB 工业机器人 I/O 通信接口的说明：

ABB 标准 I/O 板提供的常用信号处理方式有数字输入（DI）、数字输出（DO）、模拟输入（AI）、模拟输出（AO）以及输送链跟踪，常用的标准 I/O 板有 DSQC651 和 DSQC652。

ABB 工业机器人可以选配 ABB 标准的 PLC，省去与外部 PLC 进行通信设置的麻烦，并

且可以在机器人的示教器上实现与 PLC 相关的操作。

本任务以常用的 DSQC652 标准 I/O 板为例，详细讲解如何进行相关参数设定。

二、 DSQC652 标准 I/O 板

ABB 标准 I/O 板是挂在 DeviceNet 网络上的，所以要设定模块在网络中的地址。ABB 工业机器人常用的标准 I/O 板主要有 5 种，见表 3-2。除了在设置时给它们分配的地址不同以外，它们的配置方法基本相同。本任务以 DSQC652 标准 I/O 板为例介绍标准板的配置方式。

表 3-2　ABB 标准 I/O 板的分类

序号	型号	说　明
1	DSQC651	分布式 I/O 模块，含 8 个数字量输入端、8 个数字量输出端和 2 个模拟量输出端
2	DSQC652	分布式 I/O 模块，含 16 个数字量输入端和 16 个数字量输出端
3	DSQC653	分布式 I/O 模块，含 8 个带继电器的数字量输入模块和 8 个带继电器的数字量输出模块
4	DSQC355A	分布式 I/O 模块，含 4 个模拟量输入端和 4 个模拟量输出端
5	DSQC377A	输送链跟踪单元

DSQC652 标准 I/O 板主要提供 16 个数字输入信号和 16 个数字输出信号的处理，图 3-2 所示为其接口说明。

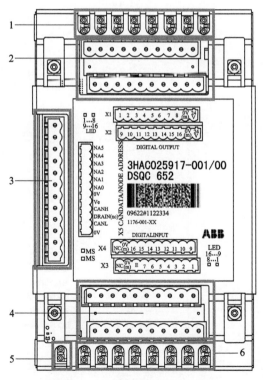

图 3-2　DSQC652 板接口说明

1—信号输出指示灯　2—X1、X2 数字输出接口　3—X5 是 DeviceNet 接口
4—X3、X4 数字输入接口　5—模块状态指示灯　6—数字输入信号指示灯

三、 ABB 工业机器人 I/O 板配置

DSQC652 是较为常用的 ABB 标准 I/O 板，下面以 DSQC652 板的配置为例来介绍 DeviceNet 现场总线连接。

ABB 标准 I/O 板都是挂在 DeviceNet 现场总线下的设备，通过 X5 端口与 DeviceNet 现场总线进行通信。定义 DSQC652 板总线连接的相关参数说明见表 3-3，具体的操作步骤见表 3-4。

表 3-3 DSQC652 板总线连接的相关参数

参数名称	设定值	默认值	说　明
Name	D652Board	Tmp 0	设定 I/O 板在系统中的名字
Type of Unit	D652	无	设定 I/O 板的类型
Connected to Bus	DeviceNet1	无	设定 I/O 板连接的总线
DeviceNet Address	10	无	设定 I/O 板在总线中的地址

表 3-4 I/O 板配置操作步骤

序号	描述	操作步骤图示
1	在 ABB 菜单中单击选择"控制面板"	
2	在弹出的"控制面板"界面中，单击选择"配置"	

（续）

序号	描述	操作步骤图示
3	在 I/O System 配置界面中，选择"DeviceNet Device"。如果默认打开的主题不是"I/O System"，可以选择"主题"→"I/O System"	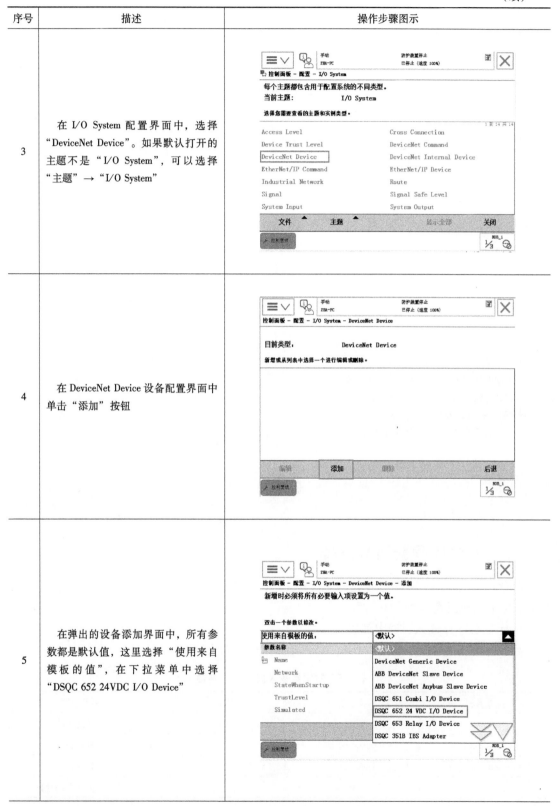
4	在 DeviceNet Device 设备配置界面中单击"添加"按钮	
5	在弹出的设备添加界面中，所有参数都是默认值，这里选择"使用来自模板的值"，在下拉菜单中选择"DSQC 652 24VDC I/O Device"	

（续）

序号	描述	操作步骤图示
6	模板里被修改的值都修改为蓝色状态，通过单击"▽"（向下翻页）按钮可以切换其他选项，通过单击进入各个选项可以修改它们的值，按照表3-3设定DSQC652板的各项参数，完成DSQC652 I/O板的设置	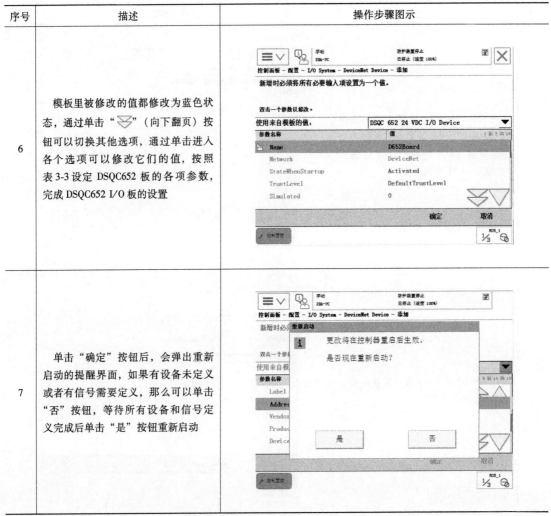
7	单击"确定"按钮后，会弹出重新启动的提醒界面，如果有设备未定义或者有信号需要定义，那么可以单击"否"按钮，等待所有设备和信号定义完成后单击"是"按钮重新启动	

四、 I/O信号配置与分类

DSQC 652板提供16个数字信号输入端和16个数字信号输出端。在设置输入、输出信号时，它们的地址范围均是0~15。

1. 定义数字量输入、输出信号

数字量输入信号DI1的参数见表3-5，具体操作步骤见表3-6。

表3-5　数字量输入信号DI1参数

参数名称	设定值	默认值	参数说明
Name	DI1	Tmp0	信号的名称
Type of Signal	Digital Input	无	信号的类型
Assigned to Device	D652Board	无	信号关联的板卡名称
Device Mapping	0	无	信号在板卡中的地址

表 3-6 I/O 信号配置操作步骤

序号	描述	操作步骤图示
1	在 ABB 菜单中单击选择"控制面板"	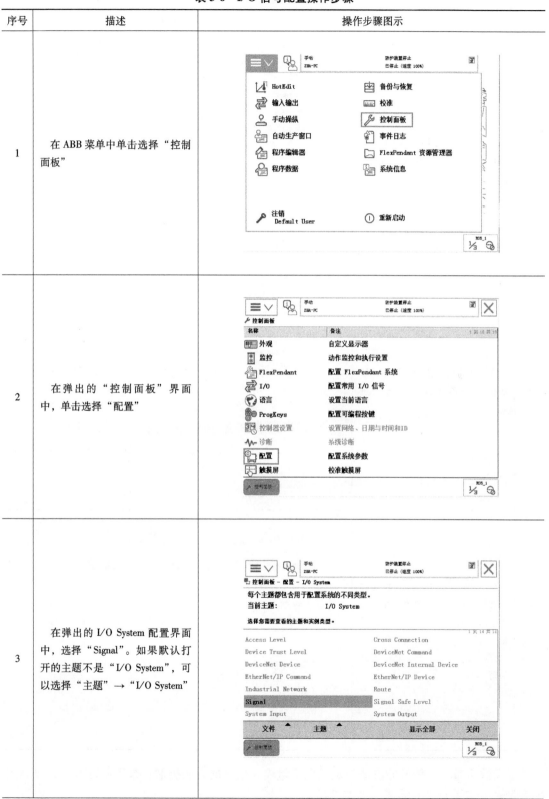
2	在弹出的"控制面板"界面中，单击选择"配置"	
3	在弹出的 I/O System 配置界面中，选择"Signal"。如果默认打开的主题不是"I/O System"，可以选择"主题"→"I/O System"	

（续）

序号	描述	操作步骤图示
4	在信号配置界面中，有很多系统建立后默认的 I/O 点，不允许修改，如图所示。单击"添加"按钮	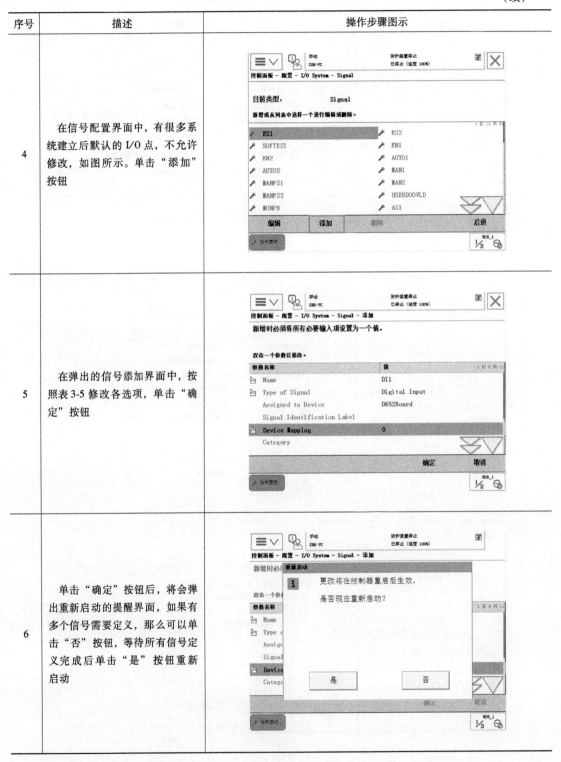
5	在弹出的信号添加界面中，按照表 3-5 修改各选项，单击"确定"按钮	
6	单击"确定"按钮后，将会弹出重新启动的提醒界面，如果有多个信号需要定义，那么可以单击"否"按钮，等待所有信号定义完成后单击"是"按钮重新启动	

定义数字量输出信号的方法与定义数字量输入信号的方法类似，这里不再赘述，仅列出数字量输出信号 DO1 的参数，见表 3-7。

表 3-7　数字量输出信号 DO1 参数

参数名称	设定值	默认值	参数说明
Name	DO1	Tmp0	信号的名称
Type of Signal	Digital Output	无	信号的类型
Assigned to Device	D652Board	无	信号关联的板卡名称
Device Mapping	0	无	信号在板卡中的地址

2. 定义组输入、输出信号

组信号就是将几个数字信号组合起来使用，用于输入 BCD 编码的十进制数。组输入信号的地址范围为 0~7，一共 2^8 个数值，即 0~255。组输入信号 GI1 的参数见表 3-8，具体操作步骤见表 3-9。

表 3-8　组输入信号 GI1 参数

参数名称	设定值	默认值	说　明
Name	GI1	Tmp0	组输入信号的名称
Type of Signal	Group Input	无	设定信号的类型
Assigned to Unit	D652Board	无	设定信号所在的 I/O 模块
Unit Mapping	0	无	设定信号所占用的地址

表 3-9　组信号配置操作步骤

序号	描述	操作步骤图示
1	在 ABB 菜单中单击选择"控制面板"	
2	在弹出的"控制面板"界面中，单击选择"配置"	

（续）

序号	描述	操作步骤图示
3	在弹出的 I/O System 配置界面中，选择"Signal"。如果默认打开的主题不是"I/O System"，可以选择"主题"→"I/O System"	
4	在信号配置界面中，有很多系统建立后默认的 I/O 点，不允许修改，如图所示，单击"添加"按钮	
5	在弹出的信号添加界面中，按照表 3-8 修改各选项，单击"确定"按钮	

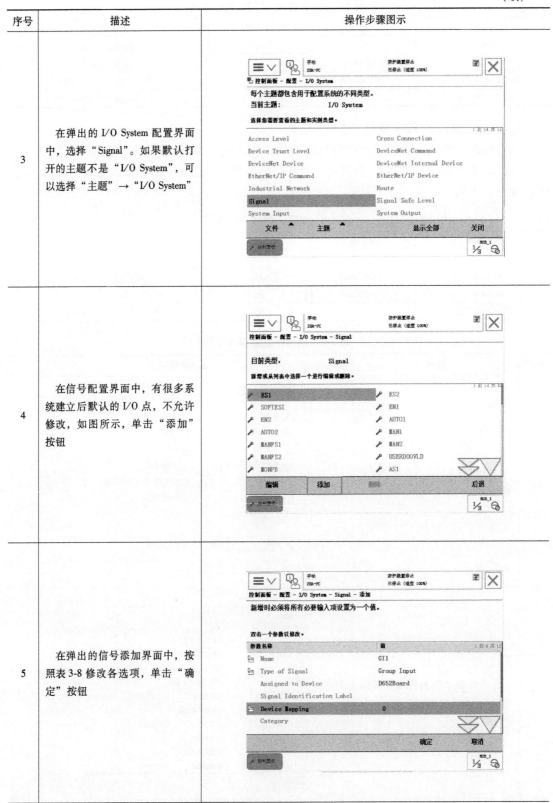

（续）

序号	描述	操作步骤图示
6	单击"确定"按钮后，将会弹出重新启动的提醒界面，如果有多个信号需要定义，那么可以单击"否"按钮，等待所有信号定义完成后单击"是"按钮重新启动	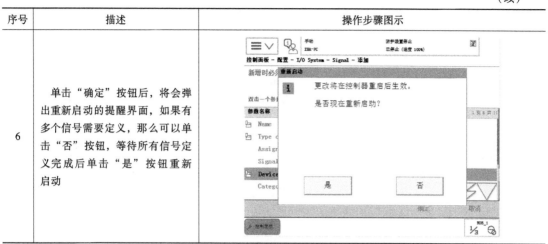

定义组输出信号与组输入信号类似，这里不再赘述，仅给出组输出信号 GO1 的参数，见表 3-10。

表 3-10　组输出信号 GO1 参数

参数名称	设定值	默认值	说　明
Name	GO1	Tmp0	设定数字输出信号的名称
Type of Signal	Group Output	无	设定信号的种类
Assigned to Unit	D652Board	无	设定信号所在的 I/O 模块
Unit Mapping	0~7	无	设定信号所占用的地址

五、I/O 信号仿真

在某些特殊情况下，需要对工业机器人的输入、输出点进行无硬件测试，因此就需要对 I/O 点进行手动强制操作。

下面以上文中定义的 DO1 为例，介绍如何对输入、输出点进行强制置位操作，见表 3-11。

表 3-11　I/O 信号仿真操作步骤

序号	描述	操作步骤图示
1	在 ABB 菜单中单击选择"输入输出"	

（续）

序号	描述	操作步骤图示
2	在弹出的 I/O 设备选择界面中，选择"视图"→"IO 设备"，这样列表中就会显示上文定义的"D652Board"	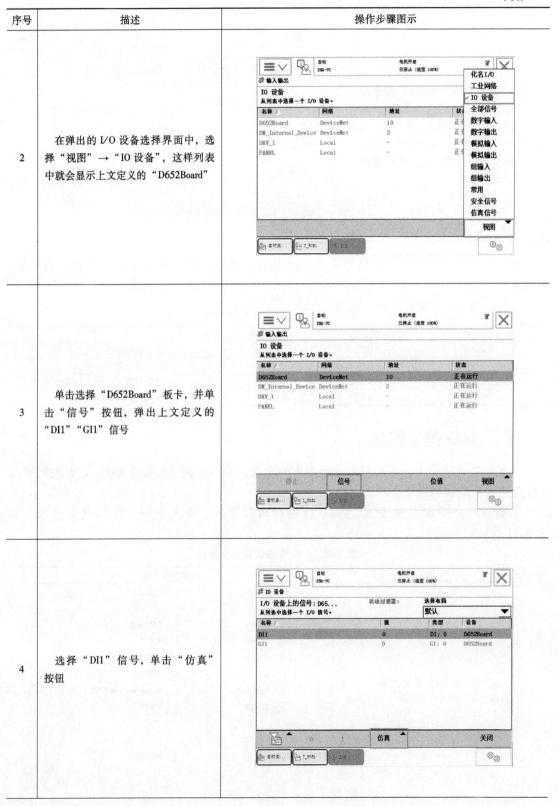
3	单击选择"D652Board"板卡，并单击"信号"按钮，弹出上文定义的"DI1""GI1"信号	
4	选择"DI1"信号，单击"仿真"按钮	

（续）

序号	描述	操作步骤图示
5	信号进入仿真状态，通过单击选择下方的"0""1"按钮，可以修改信号的状态	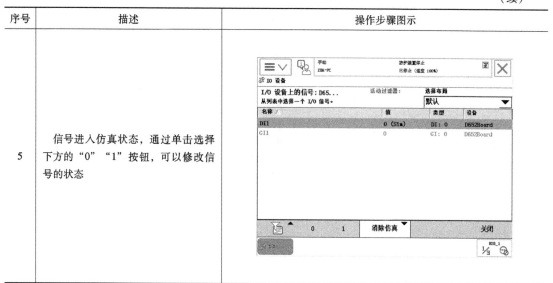

六、I/O 信号的快捷操作

示教器可编程按键是图 3-3 所示方框内的 4 个按键，按照图标可将其分为 1~4，在操作时可将常用的输出点与 4 个按键进行关联，从而对输出信号进行快速的置位与复位。

图 3-3 ABB 工业机器人的可编程按键

在对可编程按键进行输出信号设置时，可以选择 5 种不同形式的功能模式：切换、设为1、设为 0、按下/松开、脉冲。

1）切换：使用该功能模式可以对当前选择的 I/O 信号进行快速取反操作，信号将在"0"和"1"之间切换。

2）设为 1：在此模式下，按下按键后对信号进行强制置 1 操作。

3）设为 0：在此模式下，按下按键后对信号进行强制清零操作。

4）按下/松开：在此模式下，当按下按键时，I/O 信号被置 1；当松开按键时，I/O 信号被清零。

5）脉冲：每按下一次按键，I/O 信号发出一个脉冲。

以 DO1 为例，将其关联到快捷功能键 1 的操作步骤见表 3-12。

表 3-12　I/O 信号快捷操作步骤

序号	描述	操作步骤图示
1	在 ABB 菜单中单击选择"控制面板"	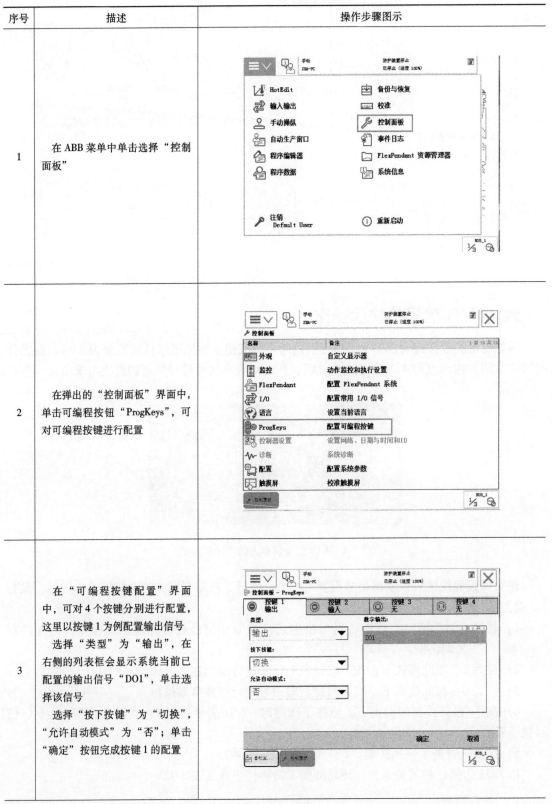
2	在弹出的"控制面板"界面中，单击可编程按钮"ProgKeys"，可对可编程按键进行配置	
3	在"可编程按键配置"界面中，可对 4 个按键分别进行配置，这里以按键 1 为例配置输出信号 　选择"类型"为"输出"，在右侧的列表框会显示系统当前已配置的输出信号"DO1"，单击选择该信号 　选择"按下按键"为"切换"，"允许自动模式"为"否"；单击"确定"按钮完成按键 1 的配置	

（续）

序号	描述	操作步骤图示
4	配置完成后可以通过按下按键1对DO1数字输出信号进行快速的更改。其他3个可编程按键可以通过同样的方式进行配置	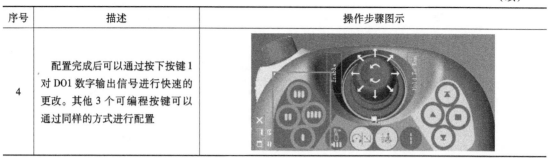

在可编程按键的配置过程中，除了输出信号可以配置外，输入信号和将指针移动到主程序也可以进行快捷配置，可以实现输入信号的快速状态的切换和调试前快速将指针移到主程序的效果。

七、 I/O 信号与工业机器人的动作管理

建立I/O信号与输入、输出信号的关联，可以实现工业机器人与外部设备的通信。通过配置工业机器人的DI信号与动作的关联，可以利用可编程逻辑控制器（PLC）实现机器人的电动机起动与停止、程序的启动、指针的移动等。通过配置工业机器人的DO信号与动作的关联，可以实现机器人对外部设备的控制，如夹具的动作、电动机主轴的驱动等。下面以DI1信号为例，讲解如何将I/O信号与工业机器人的动作进行关联（表3-13）。

表3-13 动作管理操作步骤

序号	描述	操作步骤图示
1	在ABB菜单中单击选择"控制面板"	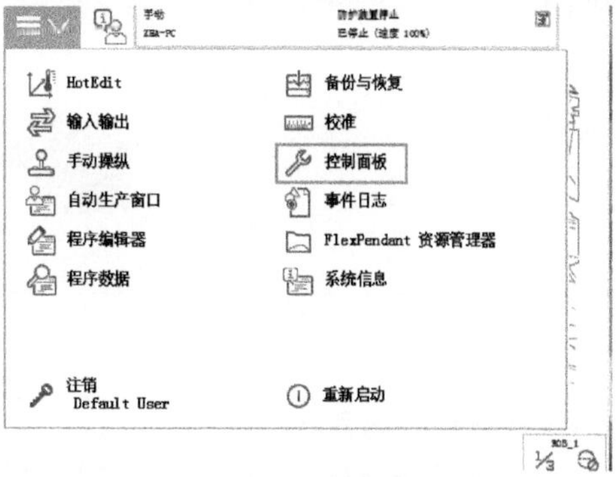 HotEdit　备份与恢复 输入输出　校准 手动操纵　控制面板 自动生产窗口　事件日志 程序编辑器　FlexPendant 资源管理器 程序数据　系统信息 注销 Default User　重新启动
2	在弹出的"控制面板"界面中，单击选择"配置"，配置系统参数	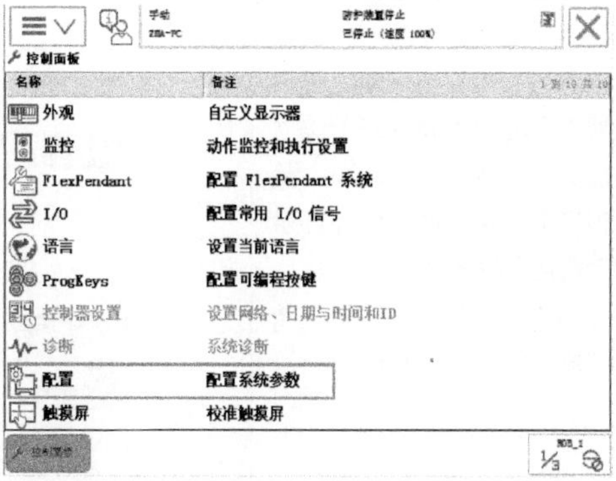 控制面板 名称 备注 外观 自定义显示器 监控 动作监控和执行设置 FlexPendant 配置 FlexPendant 系统 I/O 配置常用 I/O 信号 语言 设置当前语言 ProgKeys 配置可编程按键 控制器设置 设置网络、日期与时间和ID 诊断 系统诊断 配置 配置系统参数 触摸屏 校准触摸屏

序号	描述	操作步骤图示
3	本任务使用 DI1 进行配置,因此在 I/O System 视图中选择"System Input",并单击"显示全部"按钮,进入系统输入配置界面	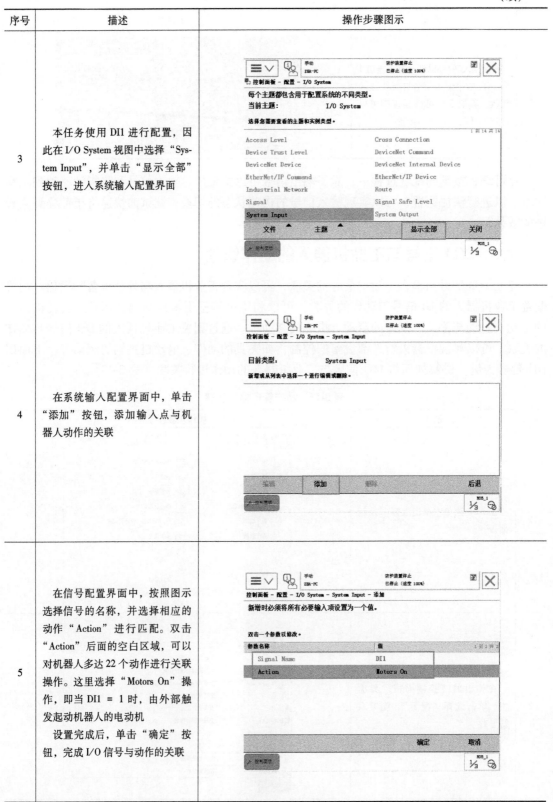
4	在系统输入配置界面中,单击"添加"按钮,添加输入点与机器人动作的关联	
5	在信号配置界面中,按照图示选择信号的名称,并选择相应的动作"Action"进行匹配。双击"Action"后面的空白区域,可以对机器人多达 22 个动作进行关联操作。这里选择"Motors On"操作,即当 DI1 = 1 时,由外部触发起动机器人的电动机 设置完成后,单击"确定"按钮,完成 I/O 信号与动作的关联	

任务三 RAPID 编程语言与程序架构

【任务目标】

初步了解 RAPID 编程语言、编程框架，掌握工业机器人程序管理方法。

【学习内容】

一、机器人程序创建

ABB 工业机器人使用 RAPID 编程语言，它是一种英文自由格式编程语言，包含有丰富的指令用于机器人移动、读取输入、对外输出等，还能实现决策、重复其他指令、构造程序以及与系统操作人员交流等功能。使用 RAPID 语言建立的程序被称为 RAPID 程序，在 RAPID 程序中，包含有一连串的控制机器人的指令，通过执行这些指令，能够实现对机器人的控制操作。RAPID 程序的基本架构见表 3-14。

表 3-14 RAPID 程序的基本架构

程序架构	模块架构
程序模块一	程序数据、主程序 main、例行程序、中断程序、功能
程序模块二	程序数据、例行程序、中断程序、功能
程序模块三	
系统程序	

1. RAPID 程序特点

RAPID 程序主要有以下几个特点：

1）RAPID 程序是由程序模块与系统模块组成的。一般情况下，只通过新建程序模块来构建机器人程序，而系统模块多用于系统方面的控制。

2）可以根据不同的用途创建多个程序模块，如专门用于主程序的程序模块、用于位置计算的程序模块、用于存放数据的程序模块，这样便于归类管理不同用途的例行程序与数据。

3）每一个程序模块包含了程序数据、例行程序、中断程序和功能 4 种对象，但并非每一个模块中都有这 4 种对象，程序模块之间的程序数据、例行程序、中断程序和功能都是可以相互调用的。

4）在 RAPID 程序中只有一个主程序 main，可以存在于任意一个程序模块中，并且作为整个 RAPID 程序执行的起点。

2. 创建 RAPID 程序

在创建 RAPID 程序之前，务必保证机器人当前处于手动模式下，自动模式下系统将会阻止程序的修改。创建 RAPID 程序的具体操作步骤见表 3-15。

表 3-15　创建 RAPID 程序的操作步骤

序号	描述	操作步骤图示
1	在 ABB 菜单中单击选择"程序编辑器"	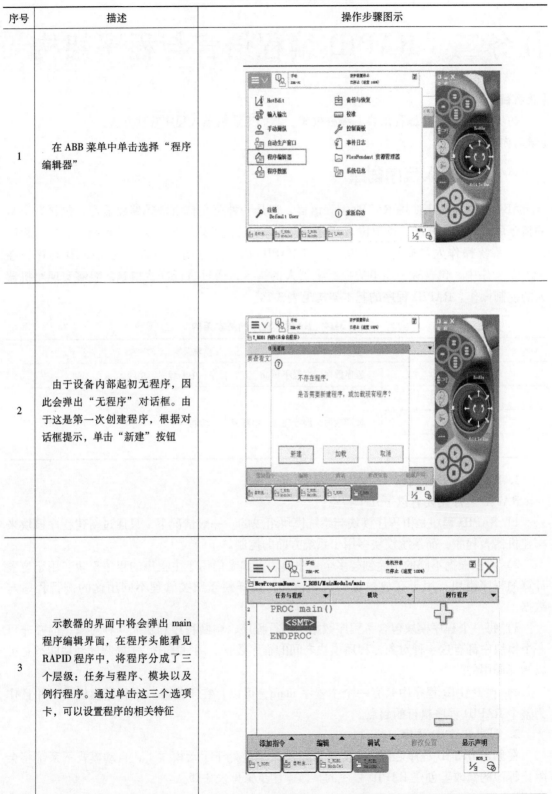
2	由于设备内部起初无程序，因此会弹出"无程序"对话框。由于这是第一次创建程序，根据对话框提示，单击"新建"按钮	
3	示教器的界面中将会弹出 main 程序编辑界面，在程序头能看见 RAPID 程序中，将程序分成了三个层级：任务与程序、模块以及例行程序。通过单击这三个选项卡，可以设置程序的相关特征	

（续）

序号	描述	操作步骤图示
4	新建完成后，系统创建程序时，默认任务名称为"T_ROB1"，单击"显示模块"按钮即可进入模块选择界面	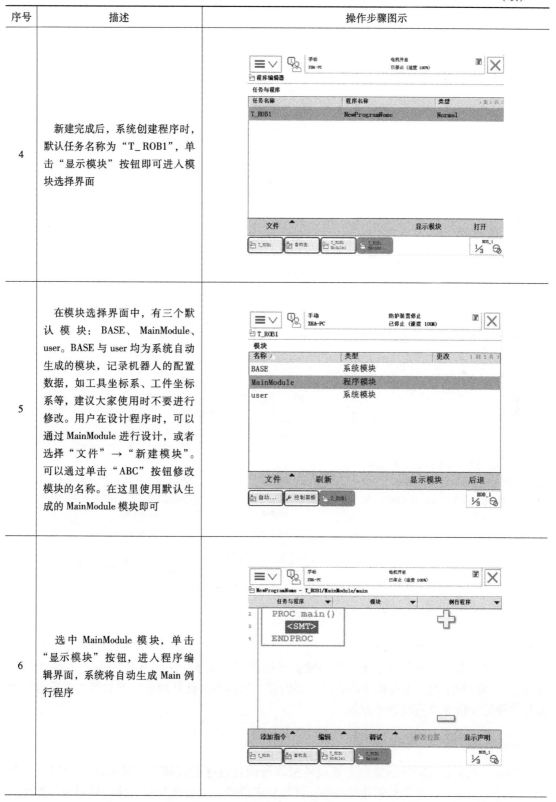
5	在模块选择界面中，有三个默认模块：BASE、MainModule、user。BASE 与 user 均为系统自动生成的模块，记录机器人的配置数据，如工具坐标系、工件坐标系等，建议大家使用时不要进行修改。用户在设计程序时，可以通过 MainModule 进行设计，或者选择"文件"→"新建模块"。可以通过单击"ABC"按钮修改模块的名称。在这里使用默认生成的 MainModule 模块即可	
6	选中 MainModule 模块，单击"显示模块"按钮，进入程序编辑界面，系统将自动生成 Main 例行程序	

（续）

序号	描述	操作步骤图示
7	单击"例行程序"选项卡，可以进入例行程序管理界面，选择"文件"→"新建例行程序"	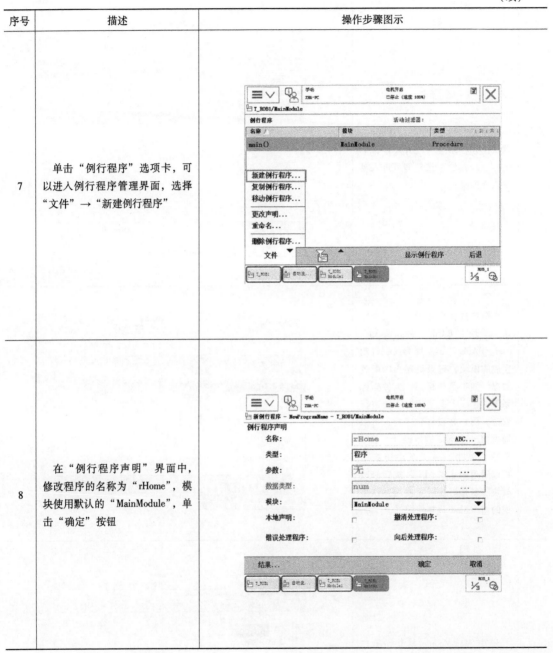
8	在"例行程序声明"界面中，修改程序的名称为"rHome"，模块使用默认的"MainModule"，单击"确定"按钮	

通过这种方式，可以在工作任务的模块下建立例行程序，完成 RAPID 程序的基本架构设计，但例行程序内是没有指令内容的，我们将会在本项目任务四中学习如何在例行程序中添加各种运动指令以实现运动控制。

二、 机器人程序管理

ABB 工业机器人程序的管理主要包括模块与例行程序的管理。程序模块的管理包括创建、修改、保存、重命名和删除等操作；例行程序的管理主要是复制、移动和删除等操作。

1. 模块加载操作

模块加载操作的具体操作步骤见表 3-16。

表 3-16　模块加载操作步骤

序号	描述	操作步骤图示
1	在 ABB 菜单中单击选择"程序编辑器"	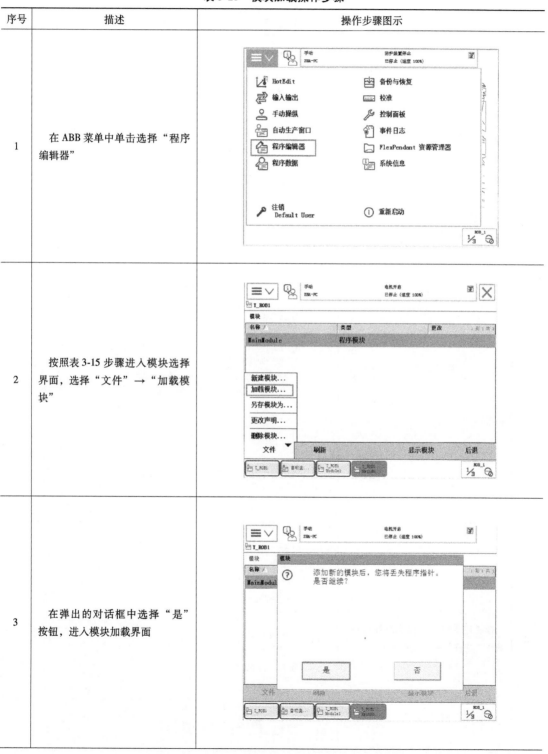
2	按照表 3-15 步骤进入模块选择界面,选择"文件"→"加载模块"	
3	在弹出的对话框中选择"是"按钮,进入模块加载界面	

（续）

序号	描述	操作步骤图示
4	通过回到上一层按钮（）与 Home 按钮（）选择文件所在的路径，找到需要加载模块的 mod 文件，单击"确定"按钮完成模块的加载	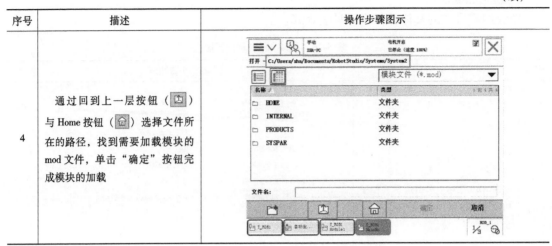

2. 模块保存操作

模块保存操作的具体操作步骤见表 3-17。

表 3-17　模块保存操作步骤

序号	描述	操作步骤图示
1	在 ABB 菜单中单击选择"程序编辑器"	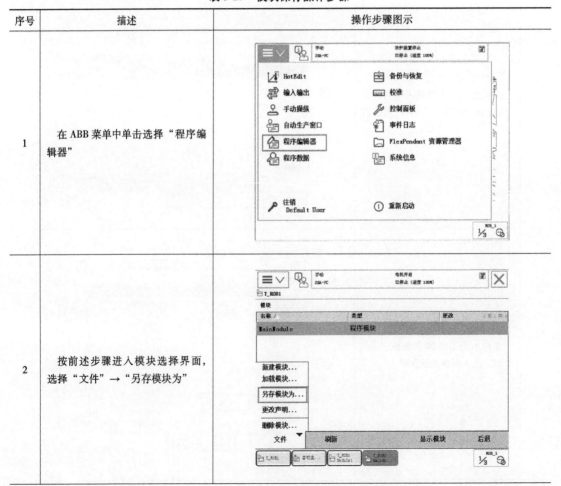
2	按前述步骤进入模块选择界面，选择"文件"→"另存模块为"	

（续）

序号	描述	操作步骤图示
3	选择存储路径后单击"确定"按钮，完成模块的保存	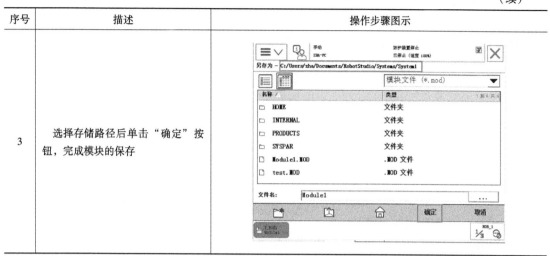

3. 模块重命名操作与类型修改操作

其具体操作步骤见表3-18。

表3-18　模块重命名操作步骤

序号	描述	操作步骤图示
1	在模块选择界面中选择"文件"→"更改声明"	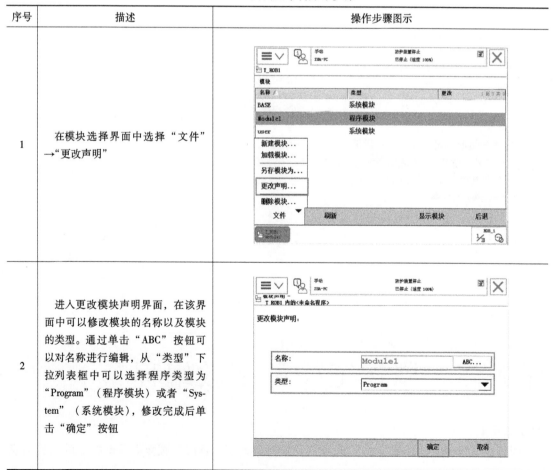
2	进入更改模块声明界面，在该界面中可以修改模块的名称以及模块的类型。通过单击"ABC"按钮可以对名称进行编辑，从"类型"下拉列表框中可以选择程序类型为"Program"（程序模块）或者"System"（系统模块），修改完成后单击"确定"按钮	

4. 模块删除操作

在模块删除操作中，可以删除当前任务中的某个模块，但在存储介质中，该模块仍然存在。其具体操作步骤见表 3-19。如果用户有需要，可以选择加载模块重新加载。

表 3-19 模块删除操作步骤

序号	描述	操作步骤图示
1	在模块选择界面中选择"文件"→"删除模块"	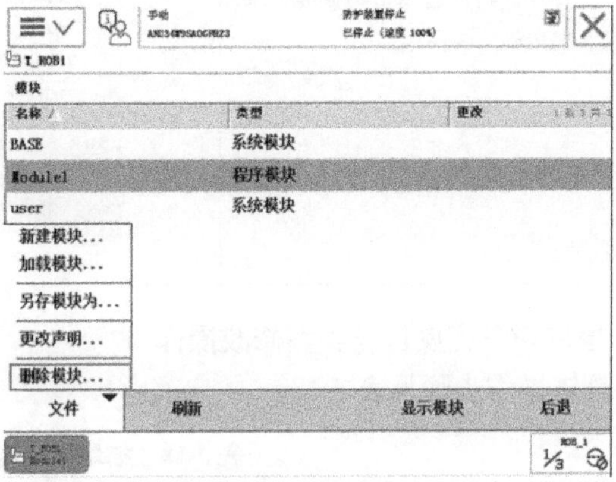
2	在弹出的"删除模块"对话框中，单击"确定"按钮将会不保存模块并直接删除，用户可根据实际情况选择是否保存	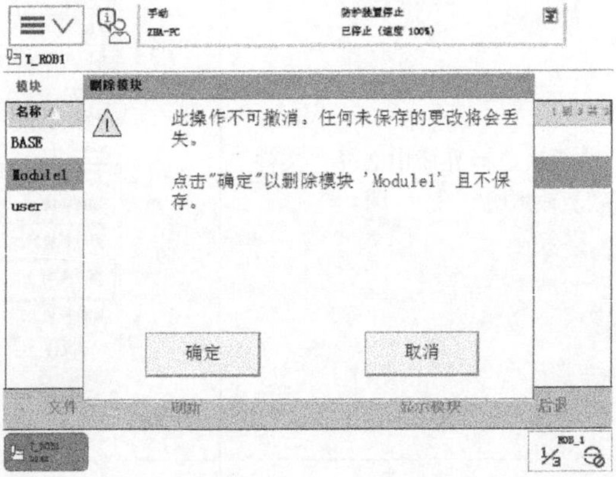

任务四　搬运工作站示教编程

【任务目标】

理解工业机器人的运动方式，理解工业机器人关节、直线、圆弧等运动指令的组成与意义，掌握等待与偏移等指令的功能，能根据要求完成搬运工作站的程序结构设计与程序编制。

【学习内容】

RAPID 程序中包含很多控制工业机器人运动的指令，执行这些指令可以实现工业机器人的动作控制。在本任务中，通过掌握 ABB 工业机器人的基本运动指令、等待及偏移指令等基本指令，掌握基本运动轨迹的示教编程方法，学会如何使用主程序及子程序进行程序之间的相互调用，从而实现搬运工作站基本搬运程序的编辑与使用。

一、 ABB 工业机器人运动指令

工业机器人的空间运动主要有 4 种基本运动指令，包括绝对位置运动指令（MoveAbsJ）、线性运动指令（MoveL）、关节运动指令（MoveJ）和圆弧运动指令（MoveC）。为了实现更复杂的运动，在这些基本运动指令的基础上发展出了一些扩展指令，如 MoveJAO 表示在关节运动的同时，设置拐角处的模拟信号输出；MoveLDO 表示在 TCP 线性运动的同时，设置拐角处的数字信号输出等。本任务主要学习 4 种基本运动指令（指令不区分大小写）。

1. 绝对位置运动指令

MoveAbsJ 经常用于工业机器人回到机械原点或安全等待点 Home 的路径规划中，比如搬运工作中从当前位置回到初始状态。它属于快速运动指令，在该指令执行过程中，工业机器人将以最快速、6 个轴同时以单轴动作的形式到达目标点。在移动的过程中路径完全不可控，因此在正常生产的过程中需要避免使用该指令。

绝对位置运动指令的命令形式为

MoveAbsJ ∗ \ NoEoffs，v1000，z50，tool0 \ Wobj：=wobj1；

该指令包含 6 个未知参数，参数含义见表 3-20。

表 3-20 绝对位置运动指令的参数含义

参数	含 义
∗	目标点的位置名称，目标点包含 6 个轴的角度数据
NoEoffs	无外轴偏移数据
v1000	全自动模式下机器人运动的速度
z50	转弯区的数据，转弯区数值越大，机器人运行越圆滑与流畅
tool0	当前使用的工具坐标系
wobj1	当前使用的工件坐标系

特别提示：z50 用于设置转弯区数值，如果需要精准到达某个点，需要设置为 fine。当命令中使用 fine 时，机器人会在到达目标点前减速。

在操作机器人时，一般会设置至少 1 个工件坐标系而非自带的工件坐标系，因此在调用程序时，需要设置默认使用的工具坐标系和工件坐标系。本书中使用默认工具坐标系 tool0、配置工件坐标系 wobj1。工件坐标系调用方法见表 3-21。

表 3-21 工件坐标系调用方法

序号	描述	操作步骤图示
1	在模块选择界面中双击"Module1"进入 main 程序编辑界面	
2	单击"添加指令"添加"Move-AbsJ"绝对位置运动指令,或者其他移动指令亦可	
3	在指令名称处单击,弹出更改选择界面,这里显示该指令的目标点、移动速度、转弯半径及使用的工具,单击任一项均可修改。这里单击"可选变量"按钮,进入"可选参变量"设置界面	

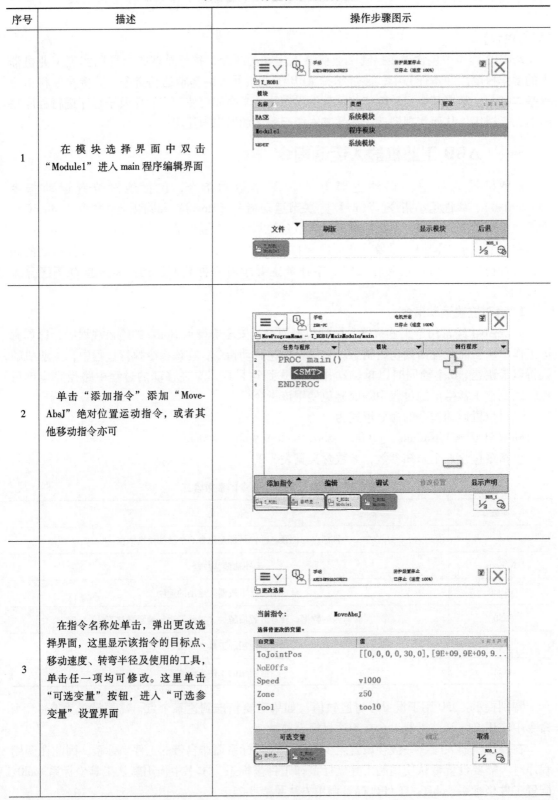

（续）

序号	描述	操作步骤图示
4	选择"〔\WObj〕"工件坐标系，单击"使用"按钮	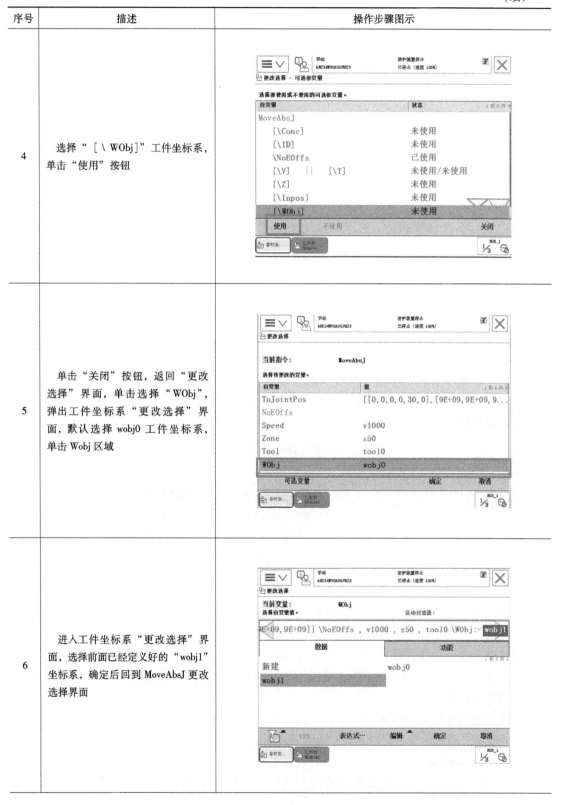
5	单击"关闭"按钮，返回"更改选择"界面，单击选择"WObj"，弹出工件坐标系"更改选择"界面，默认选择 wobj0 工件坐标系，单击 Wobj 区域	
6	进入工件坐标系"更改选择"界面，选择前面已经定义好的"wobj1"坐标系，确定后回到 MoveAbsJ 更改选择界面	

（续）

序号	描述	操作步骤图示
7	单击"确定"按钮，返回程序编辑界面，可以观察到程序后添加了一行语句："\ WObj：=wobj1"	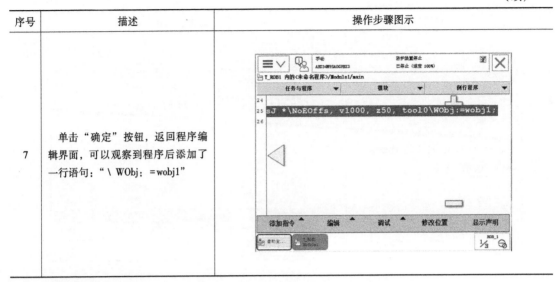

2. 线性运动指令

线性运动指令 MoveL（见图 3-4）是让机器人沿一条直线进行运动。执行该指令时（参数含义见表 3-22），机器人将会从 P10 点出发，沿直线运动到 P20 点。在移动的过程中，机器人的运动路径是唯一的，因此，该指令常用于机器人的工具动作之前的路径移动，如焊接、涂胶前的定位移动。

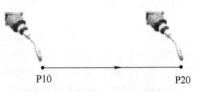

图 3-4 线性运动路径示意图

表 3-22 线性运动指令的参数含义

参数	含 义
*	目标点的位置名称，目标点包含 6 个轴的角度数据
v1000	全自动模式下机器人运动的速度
z50	转弯区的数据，转弯区数值越大，机器人运行越圆滑与流畅
tool0	当前使用的工具坐标系
wobj1	当前使用的工件坐标系

线性运动指令不适合大范围的路径移动，从当前点到目标点以线性运动指令移动的方式容易碰撞机器人的奇异点，导致机器人自由度减少，从而停止当前的运动。一般来说，机器人有两类奇异点，分别为臂奇异点（见图 3-5a）和腕奇异点（见图 3-5b）。臂奇异点是指轴 4、轴 5、轴 6 的交点与轴 1 在 Z 轴上交点所处的位置。腕奇异点是指轴 4 和轴 6 处于同一条线上，即轴 5 角度为 0°。

线性运动指令的命令形式为

MoveL *，v1000，z50，tool0 \ Wobj：=wobj1；

3. 关节运动指令

关节运动指令 MoveJ（参数含义见表 3-22）适用于对路径精度要求不高的场合，其运动

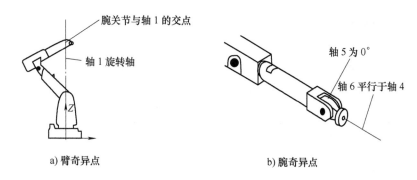

a) 臂奇异点   b) 腕奇异点

图 3-5　臂奇异点和腕奇异点示意图

具有不可预测性，它会从当前位置自动计算出最佳路径移动到目标位置，因此，它一般用于精确位置移动之前的大范围快速移动，比如，搬运工作中在取货点与放置点之间的移动。使用关节运动指令能够有效减少运动过程中碰撞机器人的奇异点。

关节运动指令的命令形式为

MoveJ ＊, v1000, z50, tool0 \ Wobj：=wobj1；

4. 圆弧运动指令

圆弧运动指令（参数含义见表 3-23）是指机器人在可到达的空间范围内定义 3 个点，分别为圆弧的起点、圆弧的曲率点和圆弧的终点。

表 3-23　圆弧运动指令参数含义

参　数	含　义
Point1	圆弧运动的曲率点
Point2	圆弧运动的终点
v1000	自动模式下的运动速度数据
z50	转弯区数据
tool0	使用的工具坐标数据
wobj1	使用工件坐标数据

由圆弧运动指令的特点可知，圆弧运动的路径是可预测、可规划的，在应用中经常应用于精确路径控制场合，如规则的圆弧运动或者大范围的圆弧摆动等。

如图 3-6 所示，机器人在可到达范围内沿弧形进行运动，在图示轨迹中，机器人自初始位置移动到 P10 点后以圆弧运动形式经过曲率点 P20 抵达圆弧的另一个端点 P30。

圆弧运动指令的命令形式为

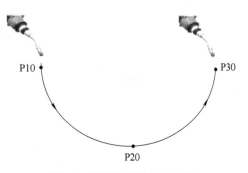

图 3-6　圆弧运动路径示意图

MoveC Point1, Point2, v1000, z50, tool0 \ Wobj：=wobj1；

二、 基本运动轨迹示教编程

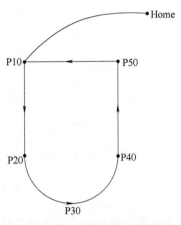

图 3-7　基本运动指令示教编程轨迹

前文中学习了 ABB 工业机器人的基本运动指令，下面介绍如何利用基本运动指令实现图 3-7 中的轨迹编程控制。

观察运动轨迹可知，在运动未开始前，TCP 应处于 Home 点等待操作。运动开始后，TCP 从 Home 点出发，通过关节运动到达 P10 点，以直线运动形式到达 P20 点，以圆弧运动经过曲率点 P30 到达 P40 点，再以直线运动到达 P50 点，再以直线运动到达 P10 点。整个路径动作完成后，使用绝对位置运动指令返回 Home 点继续等待，操作步骤详见表 3-24。

表 3-24　示教编程操作步骤

序号	描述	操作步骤图示
1	在 ABB 菜单中，单击选择"程序编辑器"	
2	按前述方法新建一个例行程序 rRoutine1（）	

（续）

序号	描述	操作步骤图示
3	单击"显示例行程序"按钮，进入程序编辑界面。确保光标处于"SMT"区域，单击"添加指令"按钮，在"Common"选项卡中找到"MoveJ"指令并单击添加该指令	
4	单击"＊"位置，弹出点位定义界面	
5	单击"新建"按钮，建立新的点位目标	

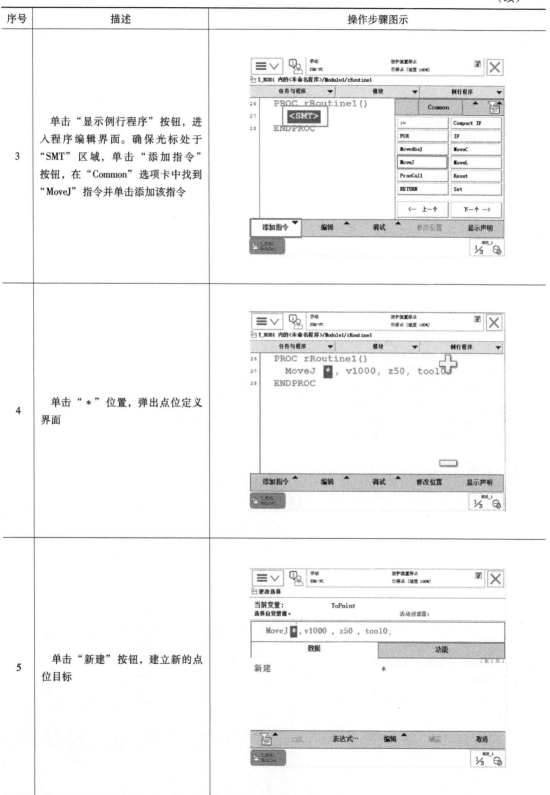

（续）

序号	描述	操作步骤图示
6	在弹出的新数据说明界面中，选择"名称"为"P10"，"范围"为"全局"，"储存类型"为"常量"，"任务"为"T_ROB1"，模块为"Module1"	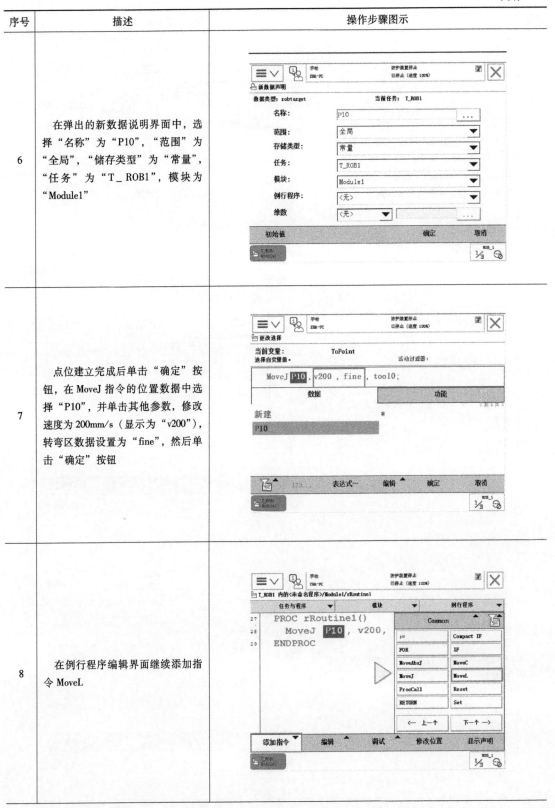
7	点位建立完成后单击"确定"按钮，在 MoveJ 指令的位置数据中选择"P10"，并单击其他参数，修改速度为 200mm/s（显示为"v200"），转弯区数据设置为"fine"，然后单击"确定"按钮	
8	在例行程序编辑界面继续添加指令 MoveL	

（续）

序号	描述	操作步骤图示
9	在弹出的对话框中单击"下方"按钮添加指令	
10	系统会默认选择"P20"点，并且沿用上次使用的速度与转弯区数据，无须修改	
11	继续添加 MoveC 指令，系统会默认使用 P20	

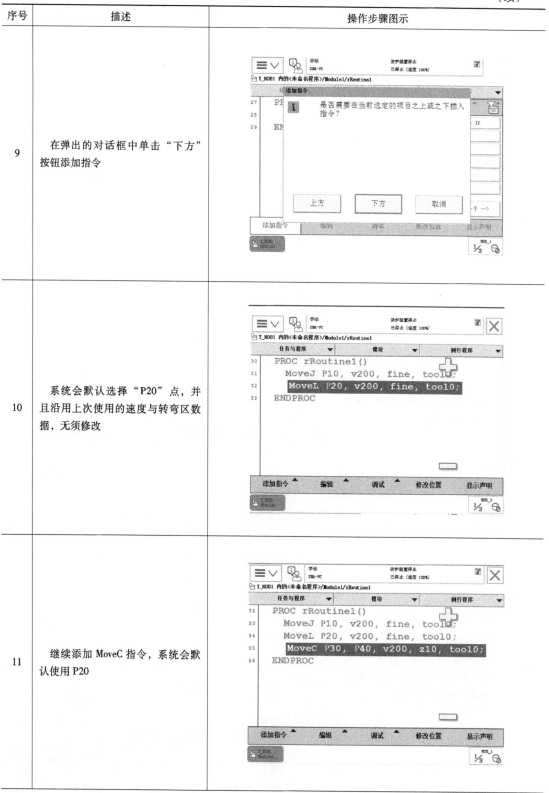

（续）

序号	描述	操作步骤图示
12	继续添加 MoveL 指令，直到 TCP 返回到 P10 点	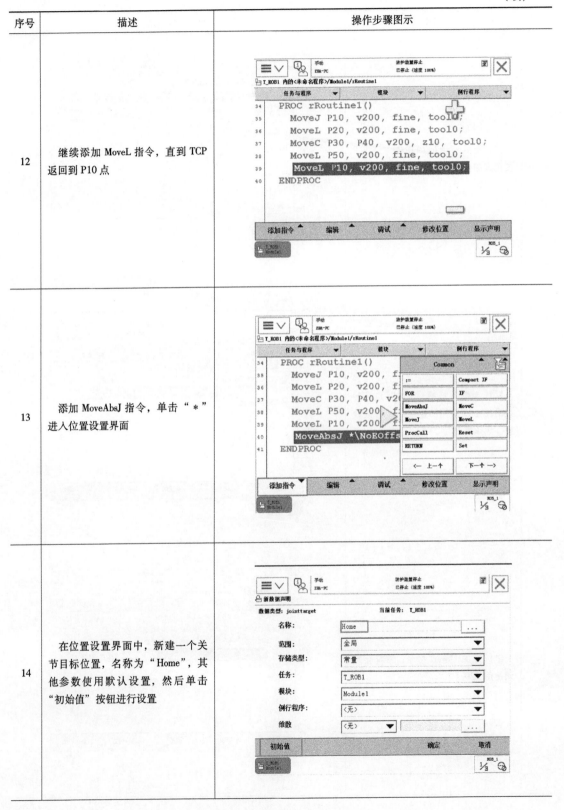
13	添加 MoveAbsJ 指令，单击 "＊" 进入位置设置界面	
14	在位置设置界面中，新建一个关节目标位置，名称为 "Home"，其他参数使用默认设置，然后单击 "初始值" 按钮进行设置	

（续）

序号	描述	操作步骤图示
15	在 Home 的初始值设置中，将 "rax_1" 至 "rax_6" 这 6 个轴的数据调整为 "0"，这样当使用 MoveAbsJ 指令时，机器人能够回到机械原点。调整完成后单击 "确定" 按钮	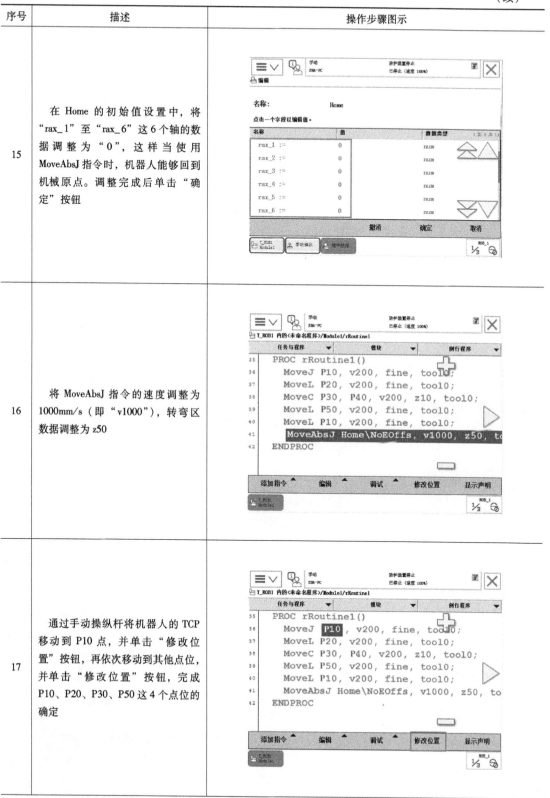
16	将 MoveAbsJ 指令的速度调整为 1000mm/s（即 "v1000"），转弯区数据调整为 z50	
17	通过手动操纵杆将机器人的 TCP 移动到 P10 点，并单击 "修改位置" 按钮，再依次移动到其他点位，并单击 "修改位置" 按钮，完成 P10、P20、P30、P50 这 4 个点位的确定	

（续）

序号	描述	操作步骤图示
18	选择"调试"→"PP 移至例行程序"	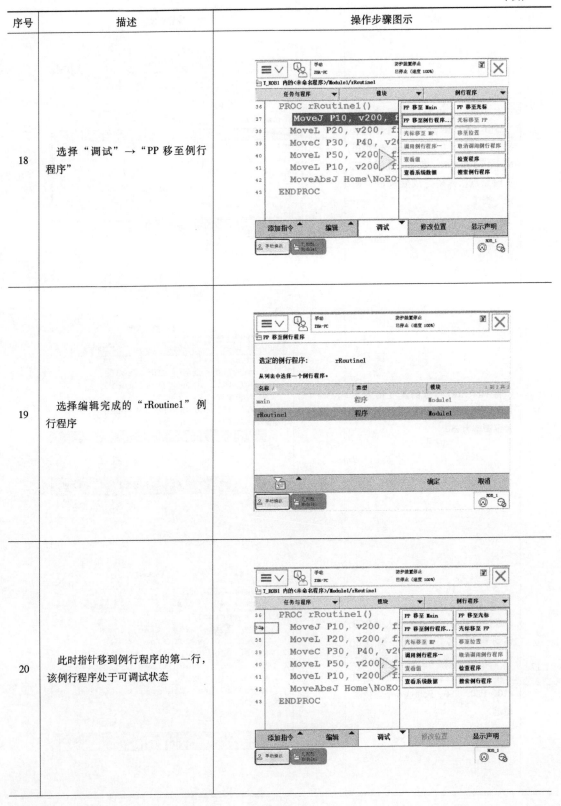
19	选择编辑完成的"rRoutine1"例行程序	
20	此时指针移到例行程序的第一行，该例行程序处于可调试状态	

（续）

序号	描述	操作步骤图示
21	使用示教器上的单步调试按钮，测试程序各路径是否正常	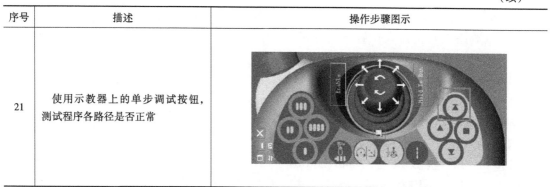

在这里需要注意的是，系统新建指令时会默认使用上条指令的点位下标加 10 的形式，如 MoveJ 指令中使用了 P10 点，新增 MoveL 指令时默认选择 P20 点，新增 MoveC 指令时又会默认选择 P30 点和 P40 点，因此建议大家编写程序时，首先规划好路径并做好点位标记，在示教器中建立完整路径需要使用的所有点位，最后再示教编程。

三、常用基本指令

1. WaitDI 数字输入信号判断指令

WaitDI 指令用于判断数字输入信号是否与目标值一致。如图 3-8 所示，程序将判断 DI0 的值是否为 1。如果 DI0 的值为 1，则程序继续往下执行；如果达到最大等待时间 300s（等待时间可以修改）以后，DI0 的值还是 0，则程序将会报警或进入出错处理程序。

2. WaitDO 数字输出信号判断指令

WaitDO 指令用于判断数字输出信号是否与目标值一致。如图 3-9 所示，程序将判断 DO1 的值是否为 1。如果 DO1 的值为 1，则程序继续往下执行；如果达到最大等待时间 300s（等待时间可以修改）以后，DO1 的值还是 0，则程序会报警或进入出错处理程序。

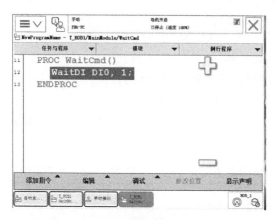

图 3-8 WaitDI 指令的应用

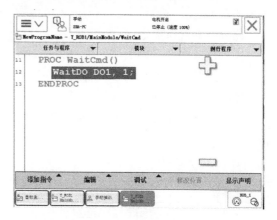

图 3-9 WaitDO 指令的应用

3. WaitUntil 信号判断指令

WaitUntil 指令用于布尔量、数字量或其他 I/O 信号值的判断。如图 3-10 所示，如果 DI0 的值为 0 的条件满足，则程序继续往下执行，否则将会一直等待，除非设置了最大等待时间。

4. Offs 位置偏移函数

Offs 函数用于对机器人位置进行偏移，用于在一个机械臂位置的工件坐标系中添加一个偏移量，Offs（Point，x，y，z）代表一个离 Point 点 X 轴偏差量为 x，Y 轴偏差量为 y，Z 轴偏差量为 z 的点。例如，假定空间存在定义的 P10 点，它的坐标值为（100，100，100），Offs 函数执行"MoveL Offs（P10，0，0，10），v1000，z50，tool1；"指令是将 P10 点的坐标经过计算得出新的坐标，新坐标点无须专门定义，它的坐标值就

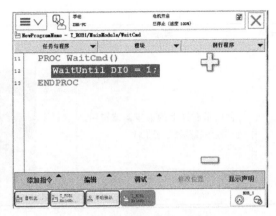

图 3-10　WaitUntil 指令的应用

是在 P10 点的基础上加上偏移量，得到新的坐标值就是（100，100，110）。它就表示将机械臂线性移动至距 P10 点沿工具坐标系 tool1 中 Z 轴正方向 10mm 的位置。

Offs 函数不能单独使用，必须配合赋值或者作为其他函数的变量使用。比较下面两行指令：

MoveL Offs（P10，0，0，20），v1000，z50，tool0 \ Wobj：=wobj1；

这里的 Offs 指令是作为 MoveL 指令的一个可选变量来使用，该指令的的含义是用直线运动形式移动到 P10 点 Z 轴正方向向上偏移 20mm 的位置。

P100：= Offs（P10，0，0，50）；

这里的 Offs 指令是作为一个点位位置修改，该指令的含义是将 P100 点的坐标位置设置为 P10 点 Z 轴正方向向上偏移 50mm 的位置。

5. RelTool 工具位置及姿态偏移函数

RelTool 函数在作为位置函数时与 Offs 函数类似，但它增加了姿态偏移参数（参数含义见表 3-25）。

比较下面两条指令：

MoveL RelTool（P10，0，0，10），v100，fine，tool1；

沿着工具坐标系 tool1 的 Z 轴，将机械臂移动到距离 P10 点 10mm 的位置。

MoveL RelTool（P10，0，0，10 \ \ Rz：=90），v100，fine，tool1；

沿着工具坐标系 tool1 的 Z 轴，将机械臂移动到距离 P10 点 10mm 的位置并且绕 Z 轴旋转 90°。

表 3-25　RelTool 函数参数含义

参数	含　义	备　注
P10	目标点的位置数据	
0，0，10	分别为 X、Y、Z 三个轴上的偏移数据	通过正负号的控制可以修改方向
v100	移动的速度	单位为 mm/s
Fine	精准到达目标点	
Rx、Ry、Rz	沿目标轴（X、Y、Z）旋转	通过赋值命令实现旋转角度的定义

6. Set 数字信号置位指令

Set 指令是将数字输出信号置位为 1，在使用过程中，指令格式如下：

Set Do1；

当机器人执行该指令时，数字量输出 Do1 将会被置位。

7. Reset 数字信号复位指令

Reset 指令是将数字输出信号复位为 0，在使用过程中，指令格式如下：

Reset Do1；

当机器人执行该指令时，数字量输出 Do1 将会被复位。

四、 搬运工作站编程应用

在实际应用中，某一个例行程序的功能可能会多次被调用，如果在主程序中重复编写某个功能，将会造成程序非常冗长。因此，利用上面学的知识将功能细化，根据完整的工作流程分解和提取出相对独立的小功能并编写相应的例行程序，在流程重复时只需要反复调用相应的例行程序就可以了。RAPID 语言中设置了调用例行程序的专用指令。

1. 程序结构设计

以图 3-11 为例，机器人搬运编程是将物料从搬运起始点 P10 移至搬运目标点 P20，P10、P20 点可以是传送带、物料台等。在工作开始后，机器人的 TCP 首先以关节运动的形式从 Home 点出发前往中间点 JQ，然后以关节运动形式自 JQ 移动到 P10 点的正上方 20mm 处，线性运动至 P10 后吸盘工具吸取物料，再返回至上方 20mm 处，以关节运动形式移动到中间点 JQ

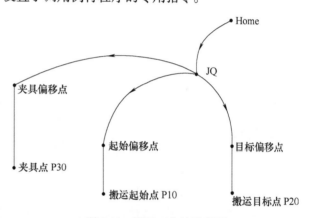

图 3-11　搬运工作站示意图

后再移动到放置点 P20 正上方 20mm 处，线性下降到 P20 点后放置物料，再上升至正上方 20mm 处以关节运动返回到 Home 点，完成本次搬运。

在搬运的过程中，机器人还要前往夹具库拾取搬运的工具——吸盘。因此，本任务可以分为 5 个例行程序，结构见表 3-26。

表 3-26　搬运程序结构

序号	程序名	用　　途
1	main（）	主程序，每个模块有且只有一个，用于调用其他例行程序
2	rInit（）	初始化程序，将所有输入、输出点恢复到初始状态
3	GripTool（）	工具拾取程序，用于操作机器人在工具库拾取吸盘工具
4	ReleaseTool（）	工具释放程序，用于操作机器人在工具库释放吸盘工具
5	MoveWorkP（）	工件搬运程序，用于操作机器人将物料从 P10 移动到 P20

利用主程序和子程序设计整个搬运程序框架，其具体操作步骤见表 3-27。

表 3-27　程序设计操作步骤

序号	描述	操作步骤图示
1	打开程序编辑器的"例行程序"选项卡，这里有默认的 main（）程序。	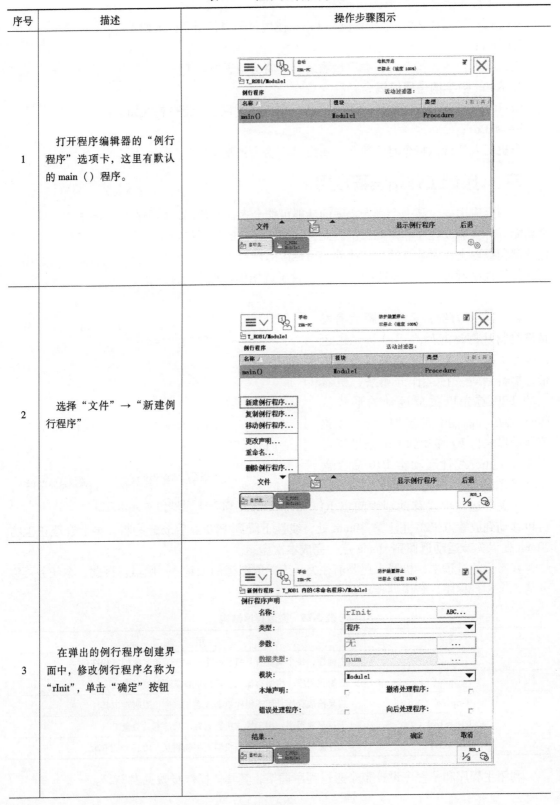
2	选择"文件"→"新建例行程序"	
3	在弹出的例行程序创建界面中，修改例行程序名称为"rInit"，单击"确定"按钮	

（续）

序号	描述	操作步骤图示
4	这样就创建了 rInit（）的空白例行程序	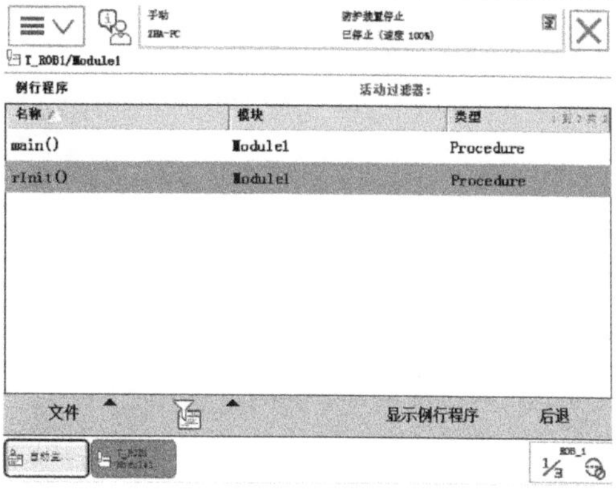
5	使用同样方法创建 GripTool（）、ReleaseTool（）和 Move-WorkP（）3 个例行程序	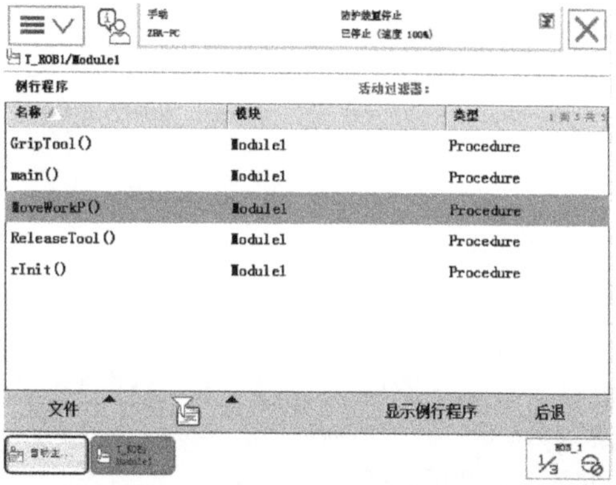

2. ProcCall 调用例行程序

由图 3-11 可知，机器人在搬运的过程中首先是拾取夹爪，然后搬运工件到 P20 点，再释放夹爪到工具库中。ProcCall 是 RAPID 语言中的例行程序调用专用指令。以搬运工序中的例行程序调用为例，其具体步骤见表 3-28。

表 3-28　ProcCall 调用例行程序操作步骤

序号	描述	操作步骤图示
1	打开程序编辑器的例行程序选项卡，选中"main（）"例行程序并单击进入程序编辑界面	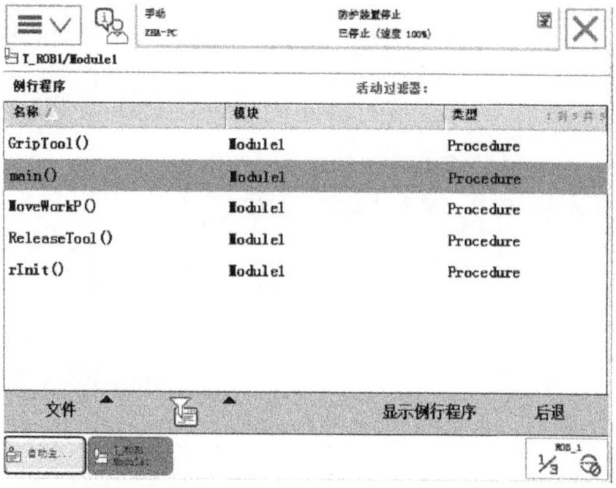

（续）

序号	描述	操作步骤图示
2	初始显示所有例行程序，可以单击"隐藏声明"按钮隐藏其他程序	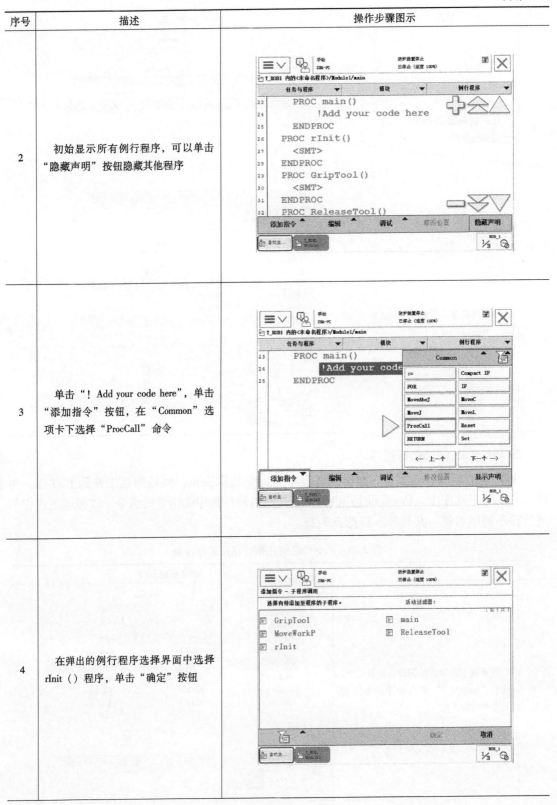
3	单击"! Add your code here"，单击"添加指令"按钮，在"Common"选项卡下选择"ProcCall"命令	
4	在弹出的例行程序选择界面中选择rInit（ ）程序，单击"确定"按钮	

（续）

序号	描述	操作步骤图示
5	在弹出的"添加指令"对话框中单击"下方"按钮，即选择下方插入，完成 rInit（）例行程序的调用	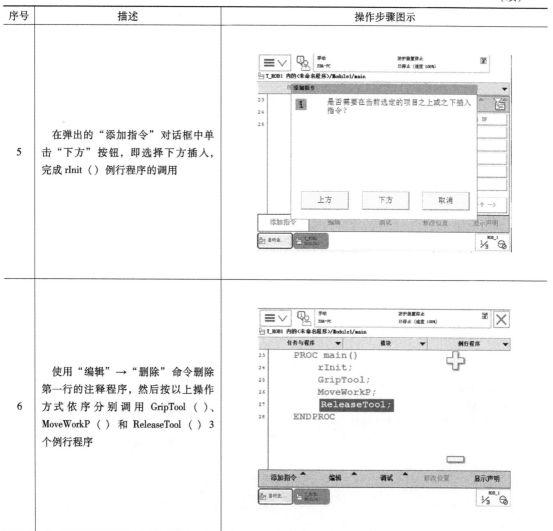
6	使用"编辑"→"删除"命令删除第一行的注释程序，然后按以上操作方式依序分别调用 GripTool（）、MoveWorkP（）和 ReleaseTool（）3 个例行程序	

3. 搬运工作站的程序设计

在程序结构明晰之后，需要对例行程序进行程序设计。在搬运工作中，机器人需要夹取或者释放吸盘工具，吸盘也要吸取和释放工件，因此在搬运工作站中需要使用到的输入、输出点见表 3-29。

表 3-29　搬运工作站 I/O 分配说明

序号	信号名称	信号说明
1	DOTool	数字输出信号，用于控制吸盘的吸取与释放
2	DOGrip	数字输出信号，用于控制夹具的夹取与释放

机器人搬运起始等待点为 Home，机器人搬运过程中的中间点为 JQ，搬运目标起始点为 P10，搬运目标点为 P20，吸盘夹具所在点为 P30。

完成整个搬运工作任务的具体操作步骤见表 3-30。

表 3-30　搬运工作站编程

序号	描述	操作步骤图示
1	打开程序编辑器中的例行程序选项卡，双击初始化程序"rInit（）"或者单击选中程序，单击"显示例行程序"按钮	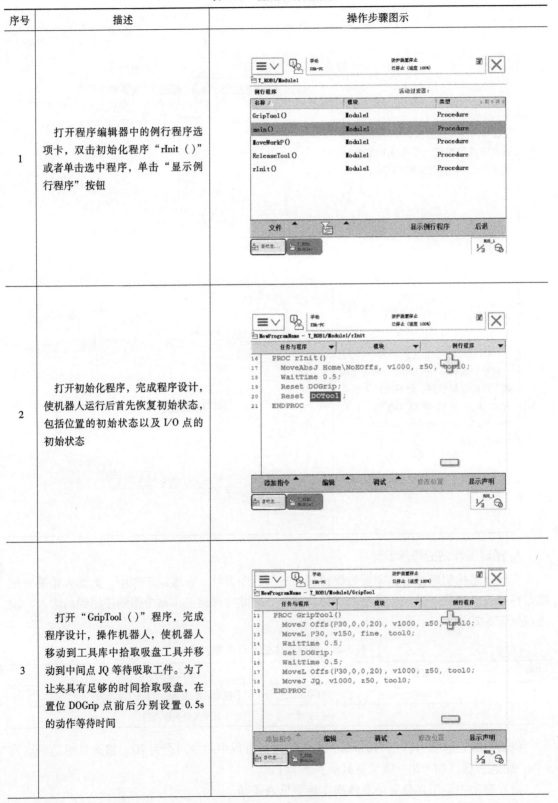
2	打开初始化程序，完成程序设计，使机器人运行后首先恢复初始状态，包括位置的初始状态以及 I/O 点的初始状态	
3	打开"GripTool（）"程序，完成程序设计，操作机器人，使机器人移动到工具库中拾取吸盘工具并移动到中间点 JQ 等待吸取工件。为了让夹具具有足够的时间拾取吸盘，在置位 DOGrip 点前后分别设置 0.5s 的动作等待时间	

（续）

序号	描述	操作步骤图示
4	打开"MoveWorkP（）"程序，完成程序设计，使机器人按照图 3-11 所示的路径进行移动，完成工件的移动，完成后回到等待点等待下一步操作	
5	打开"ReleaseTool（）"程序，完成程序设计，使机器人按照图 3-11 所示的路径移动到工具库，释放吸盘工具并移动到 Home 点等待	
6	以上工序完成后，打开"Main（）"程序，选择"调试"→"PP 移至 Main"，然后单击示教器的程序启动按钮进行程序测试	

习　题

一、填空题

1. ABB 标准 I/O 板 DSQC 652 挂载在机器人的＿＿＿＿＿网络上。

2. 工业机器人的空间运动指令主要有 4 种基本运动指令，它们是绝对位置运动指令（MoveAbsJ）、＿＿＿＿＿＿＿＿＿＿、＿＿＿＿＿＿＿＿＿＿和＿＿＿＿＿＿＿＿＿。

3. 一般来说，机器人有两类奇异点，包括臂奇异点和＿＿＿＿＿。在运动过程中，如果与奇异点发生碰撞，则机器人会停止运动。

4. 已知 P10 坐标为（50，40，30），那么 Offs（P10，50，40，30）的目标点坐标为＿＿＿＿＿＿＿。

二、判断题

1. 数字量输入信号 DI1 的地址可选范围为 0~16。　　　　　　　　　　　　　　（　　）

2. DSQC652 标准 I/O 板提供 16 个数字信号输入端和 16 个数字信号输出端。　（　　）

3. 通过配置机器人的 DI 量，可以实现机器人对外部设备的控制。　　　　　　（　　）

4. 同一个工程中，RAPID 程序语言中至多存在一个 main 例行程序。　　　　　（　　）

5. 基本运动指令中，Fine 的意义在于精准到达某个点。　　　　　　　　　　　（　　）

6. WaitDI 用于判断数字输入信号是否与目标值一致。　　　　　　　　　　　　（　　）

三、简答题

1. 简述定义 DSQC 652 标准 I/O 板的操作步骤。

2. 可编程按键的操作类型有几种？如何设置可编程按键？

3. DSQC652 标准 I/O 板的基本结构组成有哪些？

四、思考题

1. 结合自己的操作过程，谈谈如何监控定义好的 I/O 对象的值的变化过程。

2. 结合自己的实践经验，谈谈哪些工程量是数字量，哪些工程量是模拟量，哪些工程量需要使用到组变量。

【模块目标】

了解码垛工作站的用途与基本组成；掌握赋值、加减、条件判断指令功能，并熟练运用上述指令，根据要求完成码垛工作站的程序结构设计与程序编制；了解数组的定义与分类，理解数组的基本功能，掌握数组创建的基本流程；能根据物料空间摆放位置完成物料数组的创建，运用数组完成码垛工作站的程序结构设计与程序编制。

任务一 码垛工作站认知

【任务目标】

了解码垛工作站的用途与基本组成。

【学习内容】

码垛就是按照一定的摆放顺序与层次把货物整齐地堆叠在一起。物件的搬运和码垛是现实生活中常见的一种作业形式，此种作业形式的劳动强度通常而言较大、危险性较高。目前，在国内外已经逐步使用工业机器人替代了码垛人工劳动，提高了工作效率，减少了工人的危险性，很好地体现了现代生产技术的先进性。码垛工作站具有节约仓库面积、提高工作效率、节约人力资源、货物堆放整齐和适应性强等优点。

一般而言，码垛机器人工作站是一种高度集成化的成品系统，包括工业机器人、控制器、示教器、机器人夹具、托盘输送和定位设备等。更有一些先进的码垛工作站具备自动称重、贴标签、检测和通信等功能，并与生产系统相连，形成一套完备的自动化生产系统。图 4-1 所示为一模拟码垛功能的工作站，简称为码垛工作站。

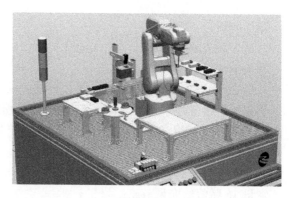

图 4-1 码垛工作站

任务二　码垛工作站编程与操作

【任务目标】

掌握赋值、加减、条件判断指令功能，并熟练运用上述指令，根据要求完成码垛工作站的程序结构设计与程序编制。

【学习内容】

一、赋值与加减指令

1. 赋值指令

":="赋值指令用于对程序数据进行赋值。赋值可以是一个常量或数学表达式。

（1）常量赋值　常量赋值指令程序如图4-2所示。

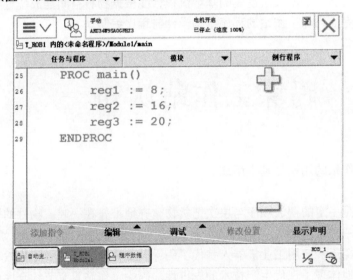

图 4-2　常量赋值指令程序

程序解析：

常量 8 赋值给变量 reg1；

常量 16 赋值给变量 reg2；

常量 20 赋值给变量 reg3。

常量赋值指令程序运行前后数据值如图 4-3 所示。

（2）表达式赋值　表达式赋值指令程序如图 4-4 所示。

程序解析：

常量 8 赋值给变量 reg1；

常量 16 赋值给变量 reg2；

将表达式 reg1、reg2 相加后的值赋值给变量 reg3。

图 4-3　常量赋值指令程序运行前后数据值

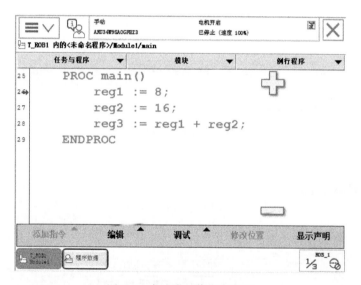

图 4-4　表达式赋值指令程序

表达式赋值指令程序运行前后数据值如图 4-5 所示。

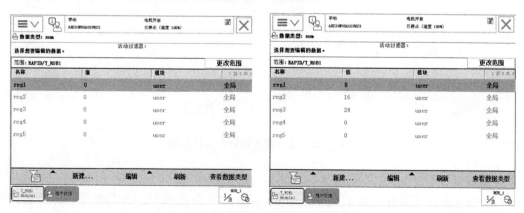

图 4-5　表达式赋值指令程序运行前后数据值

2. 累加指令

Incr 指令是将变量自动加 1。例如，Incr reg1 表示每次执行到此行指令，reg1 自动加 1。Incr 指令程序如图 4-6 所示。

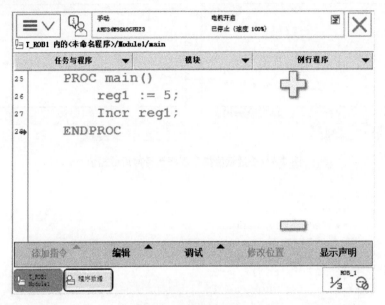

图 4-6 Incr 指令程序

程序解析：

常量 5 赋值给变量 reg1；

reg1 自动加 1。

Incr 指令程序运行前后数据值如图 4-7 所示。

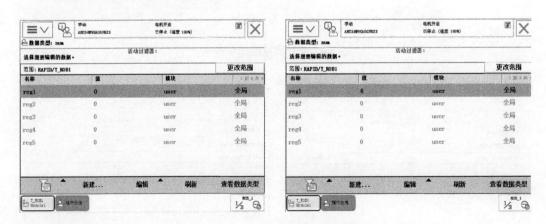

图 4-7 Incr 指令程序运行前后数据值

3. 累减指令

Decr 指令是将变量自动减 1。例如，Decr reg2 表示每次执行到此行指令，reg2 自动减 1。Decr 指令程序如图 4-8 所示。

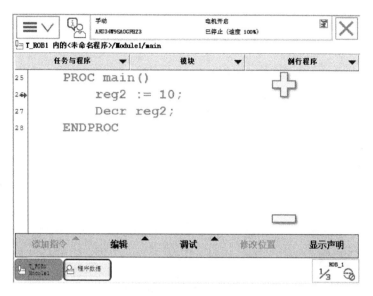

图 4-8 Decr 指令程序

程序解析：

常量 10 赋值给变量 reg2；

reg2 自动减 1。

Decr 指令程序运行前后数据值如图 4-9 所示。

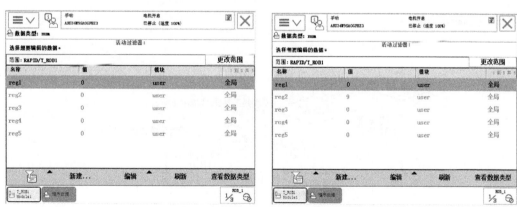

图 4-9 Decr 指令程序运行前后数据值

二、条件判断指令

1. Compact IF 紧凑型条件判断指令

Compact IF 紧凑型条件判断指令用于当一个条件满足了以后，就执行一句指令。Compact IF 指令程序如图 4-10 所示。

程序解析：

如果 flag1 的状态为 2，则 reg1 被赋值为 8。

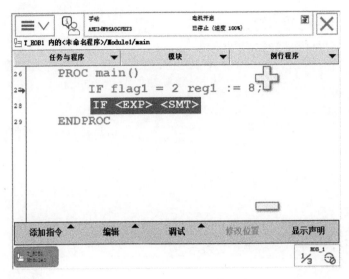

图 4-10　Compact IF 指令程序

2. IF 条件判断指令

IF 条件判断指令，就是根据不同的条件去执行不同的指令。IF 条件判断指令逻辑图如图 4-11 所示。不管有几个分支，依次判断，当某条件满足时，执行相应的语句块，其余分支不再执行；若条件都不满足，且有 ELSE 子句，则执行该语句块，否则什么也不执行。

IF 指令程序如图 4-12 所示。

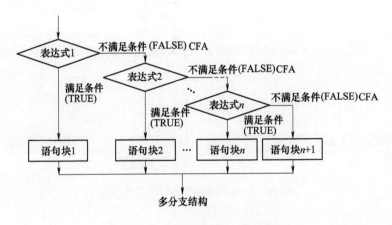

图 4-11　IF 条件判断指令逻辑图

程序解析：

如果 reg1 为 1，则表达式 reg1 加 1 赋值给 reg2；

如果 reg1 为 2，则 TRUE（满足条件），赋值给 flag1；

除了以上两种条件之外，则执行 DO1 置位为 1。

IF 条件判定的条件数量可以根据实际情况进行增加与减少，其操作步骤见表 4-1。

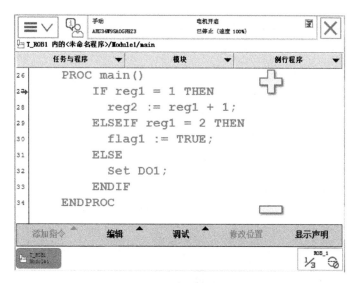

图 4-12 IF 指令程序

表 4-1 IF 条件判断指令条件数量增减操作步骤

序号	描述	操作步骤图示
1	单击 IF 语句首行，选中 IF 语句整体	
2	再次单击 IF 语句首行	

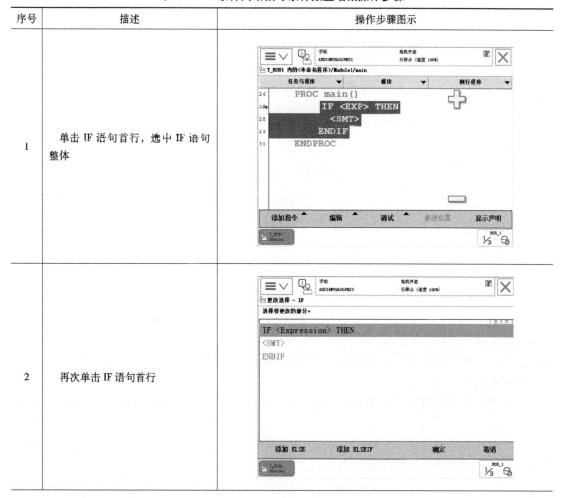

（续）

序号	描述	操作步骤图示
3	通过单击"添加 ELSE"按钮或"添加 ELSEIF"按钮实现对语句的添加	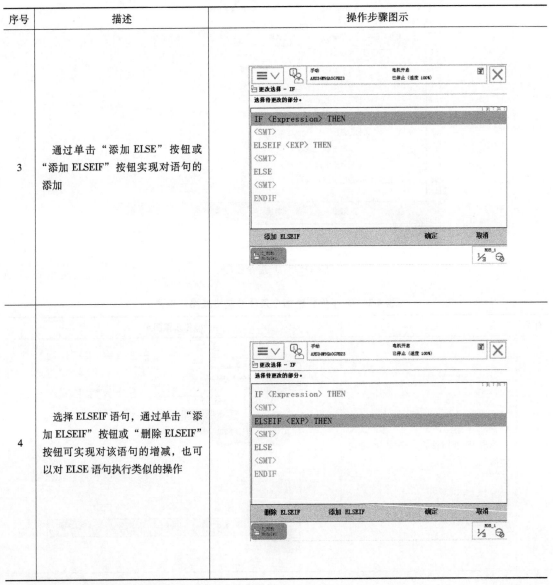
4	选择 ELSEIF 语句，通过单击"添加 ELSEIF"按钮或"删除 ELSEIF"按钮可实现对该语句的增减，也可以对 ELSE 语句执行类似的操作	

3. FOR 重复执行判断指令

FOR 重复执行判断指令适用于一个或多个指令需要重复执行数次的情况。循环可以按照指定的步幅进行计数，步幅可以通过关键词 STEP 指定为某个整数。如果步幅省略，则默认步幅为 1，当执行程序时会自动进行步幅加 1 操作。FOR 指令程序如图 4-13 所示。

程序解析：

FOR 循环中 I 的值从 1 到 5（默认情况下，步长为 1），重复执行 reg1：= reg1 + 1 的操作 5 次。

FOR 重复执行判断指令中的步长是可以根据编程情况改变的，步长可以是正数，也可以是负数，改变步长的操作步骤见表 4-2。

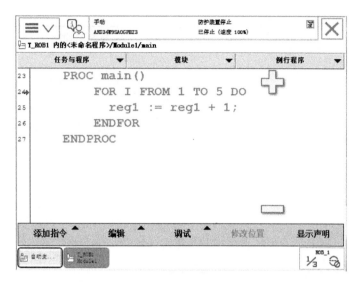

图 4-13 FOR 指令程序

表 4-2 FOR 指令中改变步长的操作步骤

序号	描述	操作步骤图示
1	单击 FOR 语句首行，选中 FOR 语句整体；再次单击 FOR 语句首行	
2	单击"添加 STEP"按钮	

（续）

序号	描述	操作步骤图示
3	单击"确定"按钮	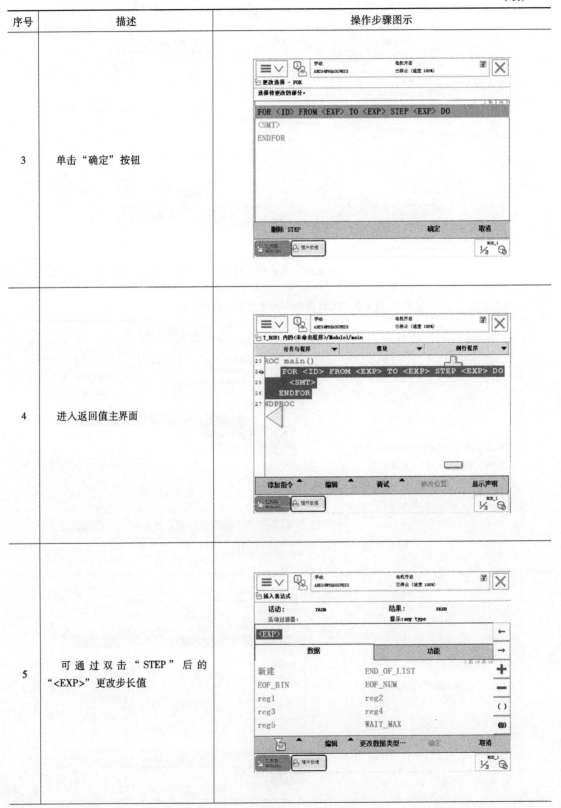
4	进入返回值主界面	
5	可通过双击"STEP"后的"<EXP>"更改步长值	

（续）

序号	描述	操作步骤图示
6	选择"编辑"→"仅限选定内容"	
7	单击虚拟键盘的数字键，可实现对步长的更改（本例中步长为"2"）	

STEP 为 2 的 FOR 指令程序如图 4-14 所示。

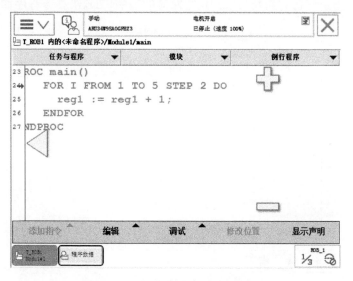

图 4-14　FOR 指令程序（STEP 为 2）

程序解析：

FOR 循环中 I 的值从 1 到 5，STEP 为 2 时，重复执行 reg1：=reg1 + 1 的操作 3 次；当且仅当 I 的值分别为 1、3、5 时执行。

4. WHILE 条件判断指令

WHILE 条件判断指令用于在给定条件满足的情况下，一直重复执行对应的指令。只有当循环至不满足判断条件后，才跳出循环指令，执行 ENDWHILE 后的运行指令。WHILE 指令程序如图 4-15 所示。

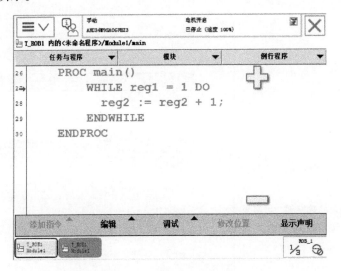

图 4-15　WHILE 指令程序

程序解析：

在 reg1 = 1 的条件满足的情况下，一直执行 reg2：=reg2 + 1 的操作。

5. TEST 指令

TEST 是根据指定变量的判断结果，执行对应的程序。TEST 指令程序如图 4-16 所示。

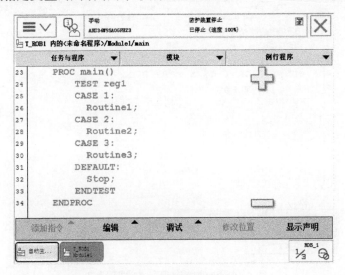

图 4-16　TEST 指令程序

程序解析：

判断 reg1 的数值，当 reg1 = 1 时，则执行程序 Routine1；当 reg1 = 2 时，则执行程序 Routine2；当 reg1 = 3 时，则执行程序 Routine3；否则，执行 Stop 指令。

三、 其他功能指令

1. CRobT 指令

CRobT 指令用于读取当前机器人目标点的位置数据，常用于将其位置数据赋值给某个点，例如：

PERS robtarget P10；

P10：= CRobT（\：= tool1 \ Wobj：= wobj1）

程序解析：

工业机器人会读取当前机器人目标点的位置数据，其指定的工具数据为 tool1，工件坐标系数据为 wobj1。

如不指定，则默认的工具数据为 tool0，默认的工件坐标系数据为 wobj0，将读取的目标点数据赋值给 P10。

2. GOTO 指令

GOTO 指令用于跳转到例行程序内标签的位置，配合 Label（跳转标签）使用。下面以 GOTO 指令程序为例，在执行 Routine1 程序的过程中，当条件判断指令 Di = 1 时，程序指针会跳转到带跳转标签 rHome 的位置，开始执行 Routine2 的子程序。

```
MODULE   Module1
  PROC   Routine1（ ）
    rHome：              //跳转标签位置
    Routine2；
    IF   Di = 1   THEN
      GOTO   rHome；      //跳转指令,跳转到标签 rHome 位置
    ENDIF
  ENDPROC
  PROC   Routine2（ ）
      MoveJ   P100,v500,z50,tool0；
      MoveL   P200,v200,fine,tool0；
  ENDPROC
ENDP MODULE
```

3. 速度设定指令 VelSet

VelSet 指令用于设定最大的速度和倍率，一般情况下，该指令仅可用于主任务 T_ ROB1 中，如果在 MultiMove 系统中，则可以用于运动任务中。例如：

```
MODULE   Module1
  PROC   Routine1（ ）
  VelSet   60,500；
    MoveL   P100,v1000,z100,tool0；
```

```
        MoveL    P200,v1000,z100,tool0;
        MoveL    P300,v1000,z100,tool0;
        MoveL    P400,v1000,z100,tool0;
    ENDPROC
ENDP MODULE
```

此段程序中，VelSet 指令的作用是将所用编程速率降至指令中值的 60%，但不准许 TCP 的速率超过 500mm/s，即点 P100、P200、P300 和 P400 的速度是 500mm/s。

4. 加速度设定指令 AccSet

AccSet 可以定义工业机器人的加速度，准许增加或降低加速度，使机器人移动更加顺畅。该指令仅可用于主任务 T_ROB1，如果在 MultiMove 系统中，则可以用于运动任务中。

```
AccSet  50, 100;              //将加速度限制到正常值的 50%
AccSet  100, 50;              //将加速度斜线限制到正常值的 50%
```

四、 码垛工作站编程应用

1. 单排码垛

以图 4-17 所示单排码垛为例，物料尺寸为 50mm×25mm×20mm。工业机器人将 A 点处的 3 层物料移至 B 点处 3 层码垛。首先，机器人的 TCP 以关节运动的形式从 Home（P10）点出发前往中间点 P20 的正上方 20mm 处，线性运动至 P20 后吸盘工具吸取物料，再返回至上方 20mm 处，以关节运动形式移动到中间点 P30 后再移动到放置点 P40 正上方 20mm 处，线性下降到 P40

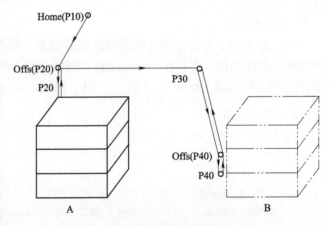

图 4-17 单排码垛方式

后放置物料，再上升至 P40 正上方 20mm 处以关节运动返回到 P30，完成一层工件搬运。依次类推，完成 3 层码垛，工业机器人 I/O 信号详见表 4-3，单排码垛程序结构见表 4-4。

表 4-3 工业机器人 I/O 信号

序号	信号地址	信号名称	信号含义
1	8	DO10-9	数字量输出信号，用于控制安装夹具
2	9	DO10-10	数字量输出信号，用于控制夹具夹爪开合
3	10	DO10-11	数字量输出信号，用于控制夹具抽真空

表 4-4 单排码垛程序结构

序号	程序结构	解　释
1	PROC main（）	主程序，每个模块有且只有一个，用于调用其他例行程序
2	rInit（）;	初始化子程序，将所有输入输出点恢复到初始状态

（续）

序号	程序结构	解 释
3	GripTool（）；	工具拾取子程序，用于操作机器人在工具库拾取吸盘工具
4	StackWork（）；	工件码垛子程序，用于操作机器人将物料从 A 处移动到 B 处
5	ReleaseTool（）；	工具释放子程序，用于操作机器人在工具库释放吸盘工具
6	ENDPROC	

表 4-4 中的子程序分别见表 4-5~表 4-8。

表 4-5 初始化子程序

序号	初始化子程序	解 释
1	PROC rInit（）	
2	Set DO10-9	快换复位
3	Reset DO10-10	夹爪复位
4	Reset DO10-11	吸盘复位
5	ENDPROC	

表 4-6 工具拾取子程序

序号	工具拾取子程序	解 释
1	PROC GripTool（）	
2	MoveAbsJ jops100 \ NoEoffs, v500, z50, tool0;	初始原点
3	MoveJ Offs（P200, 0, 0, 20）, v500, z50, tool0;	关节移动到 P200 正上方 20mm 处
4	MoveL P200, v200, fine, tool0;	直线运动到 P200
5	WaitTime 0.5;	等待 0.5s
6	Reset DO10-9;	获取工具
7	WaitTime 0.5;	等待 0.5s
8	MoveL Offs（P200, 0, 0, 20）, v200, z50, tool0;	获取工具后慢速移动
9	MoveL Offs（P200, 0, 0, 100）, v500, z50, tool0;	快速移动到安全位置
10	MoveAbsJ jops100 \ NoEoffs, v500, z50, tool0;	回到初始原点
11	ENDPROC	

表 4-7 工件码垛子程序

序号	工件码垛子程序	
1	PROC StackWork（）	
2	MoveAbsJ jops10 \ NoEoffs, v500, z50, tool0;	初始原点
3	FOR I FROM 1 TO 3 DO	循环 3 次，码垛 3 层
4	MoveJ Offs（P20, 0, 0, 20 * （1-I）+20）, v500, z50, tool0;	关节移动快速到某点
5	MoveL Offs（P20, 0, 0, 20 * （1-I））, v200, fine, tool0;	直线移动到抓取点
6	WaitTime 0.5;	等待 0.5s
7	Set DO10-11;	抓取工件

（续）

序号	工件码垛子程序	
8	WaitTime 0.5；	等待 0.5s
9	MoveL Offs (P20, 0, 0, 20 * (1−I) +20), v200, z50, tool0；	直线慢速上升到某点
10	MoveJ P30, v500, z50, tool0；	过渡点
11	MoveJ Offs(P40, 0, 0, 20 * (I−1) +20), v500, z50, tool0；	关节快速移动到某点
12	MoveL Offs (P40, 0, 0, 20 * (I−1)), v200, fine, tool0；	直线慢速移动到放置点
13	WaitTime 0.5；	等待 0.5s
14	Reset DO10-11；	释放工件
15	WaitTime 0.5；	等待 0.5s
16	MoveL Offs(P40, 0, 0, 20 * (I−1) +20), v200, z50, tool0；	直线慢速移动到某点
17	MoveJ P30, v500, z50, tool0；	过渡点
18	ENDFOR	
19	MoveAbsJ jops10 \ NoEoffs, v500, z50, tool0；	初始原点
20	ENDPROC	

表 4-8 工具释放子程序

序号	工具释放子程序	解 释
1	PROC ReleaseTool ( )	
2	MoveAbsJ jops100 \ NoEoffs, v500, z50, tool0；	初始原点
3	MoveJ Offs (P200, 0, 0, 20), v500, z50, tool0；	关节移动到 P200 正上方 20mm 处
4	MoveL P200, v200, fine, tool0；	直线运动到 P200
5	WaitTime 0.5；	等待 0.5s
6	Set DO10-9；	释放工具
7	WaitTime 0.5；	等待 0.5s
8	MoveL Offs (P200, 0, 0, 20), v200, z50, tool0；	释放工具后慢速移动
9	MoveL Offs (P200, 0, 0, 100), v500, z50, tool0；	快速移动到安全位置
10	MoveAbsJ jops100 \ NoEoffs, v500, z50, tool0；	回到初始原点
11	ENDPROC	

2. 立体码垛

工业机器人将 P10（取料位）处物料移至 P30（第一个放料位置）处码垛，码垛方式如图 4-18 所示。首先，机器人的 TCP 首先以关节运动的形式从 Home 点出发前往中间点 P10 的正上方 20mm 处，线性运动至 P10 后吸盘工具吸取物料，再返回至上方 20mm 处，以关节运动形式移动到 P30 正上方 20mm 处，线性下降到 P30 后放置物料，再上升至 P30 正上方 20mm 处以关节运动返回到 P10，完成一个工件的搬运。依次类推，完成图 4-18 所示立体码垛，参考坐标系为基坐标系；码垛方式为 3×4×3，物体尺寸为 50mm×25mm×20mm；工业机器人 I/O 信号详见表 4.3，立体码垛程序结构见

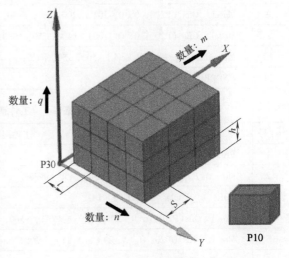

图 4-18 立体码垛方式

表 4-9。

表 4-9 立体码垛程序结构

序号	程序结构	解 释
1	PROC main ( )	主程序，每个模块有且只有一个，用于调用其他例行程序
2	rInit ( )；	初始化子程序，将所有输入输出点恢复到初始状态
3	GripTool ( )；	工具拾取程序，用于操作机器人在工具库拾取吸盘工具
4	SStackWork ( )；	码垛子程序，用于操作机器人将物料从 P10 处移动到 P30 处
5	ReleaseTool ( )；	工具释放子程序，用于操作机器人在工具库释放吸盘工具
6	ENDPROC	

表 4-9 中的子程序分别见表 4-10~表 4-13。

表 4-10 初始化子程序

序号	初始化子程序	解 释
1	PROC rInit ( )	
2	Set DO10-9	快换复位
3	Reset DO10-10	夹爪复位
4	Reset DO10-11	吸盘复位
5	ENDPROC	

表 4-11 工具拾取子程序

序号	工具拾取程序	解 释
1	PROC GripTool ( )	
2	MoveAbsJ jops100 \ NoEoffs, v500, z50, tool0；	初始原点
3	MoveJ Offs (P200, 0, 0, 20), v500, z50, tool0；	关节移动到 P200 正上方 20mm 处
4	MoveL P200, v200, fine, tool0；	直线运动到 P200
5	WaitTime 0. 5；	等待 0. 5s
6	Reset DO10-9；	获取工具
7	WaitTime 0. 5；	等待 0. 5s
8	MoveL Offs (P200, 0, 0, 20), v200, z50, tool0；	获取工具后慢速移动
9	MoveL Offs (P200, 0, 0, 100), v500, z50, tool0；	快速移动到安全位置
10	MoveAbsJ jops100 \ NoEoffs, v500, z50, tool0；	回到初始原点
11	ENDPROC	

表 4-12 工件立体码垛子程序

序号	工件立体码垛子程序	
1	PROC SStackWork ( )	
2	MoveAbsJ jops10 \ NoEoffs, v500, z50, tool0；	初始原点
3	q1：=0；	初始化

（续）

序号	工件立体码垛子程序	解　释
4	WHILE q1<3 Do	摆放 Z 轴方向工件
5	n1：=0;	初始化
6	WHILE n1<4 Do	摆放 Y 轴方向工件
7	m1：=0;	初始化
8	WHILE m1<3 Do	摆放 X 轴方向工件
9	MoveJ　Offs (P10, 0, 0, 50), v500, z50, tool0;	关节快速移动到某点
10	MoveL　P10, v200, fine, tool0;	直线慢速移动到 P10
11	WaitTime 0.5;	等待 0.5s
12	Set　DO10-11;	抓取工件
13	WaitTime 0.5;	等待 0.5s
14	MoveL　Offs (P10, 0, 0, 50), v200, z50, tool0;	直线慢速移动到某点
15	MoveJ　P20, v500, z50, tool0;	关节快速移动到 P20
16	x：=50*m1;	X 轴方向偏移距离
17	y：=25*n1;	Y 轴方向偏移距离
18	z：=20*q1;	Z 轴方向偏移距离
19	MoveJ　Offs (P30, x, y, z+50), v500, z50, tool0;	关节快速移动到某点
20	MoveL　Offs (P30, x, y, z), v200, fine, tool0;	直线慢速移动到某点
21	Wait Time 0.5;	等待 0.5s
22	Reset　DO10-11;	释放工件
23	WaitTime 0.5;	等待 0.5s
24	MoveL　Offs (P30, x, y, z+50), v200, z50, tool0;	直线移动到某点
25	Incr m1;	m1 加 1
26	ENDWHILE	
27	Incr n1;	n1 加 1
28	ENDWHILE	
29	Incr q1;	q1 加 1
30	ENDWHILE	
31	MoveAbsJ　jops10 \ NoEoffs, v500, z50, tool0;	初始原点
32	ENDPROC	

表 4-13　工具释放子程序

序号	工具释放子程序	解　释
1	PROC　ReleaseTool ( )	
2	MoveAbsJ jops100 \ NoEoffs, v500, z50, tool0;	初始原点
3	MoveJ　Offs (P200, 0, 0, 20), v500, z50, tool0;	关节移动到 P200 正上方 20mm 处
4	MoveL　P200, v200, fine, tool0;	直线运动到 P200
5	WaitTime 0.5;	等待 0.5s
6	Set DO10-9;	释放工具

（续）

序号	工具释放子程序	解　释
7	WaitTime 0.5；	等待 0.5s
8	MoveL　Offs（P200，0，0，20），v200，z50，tool0；	释放工具后慢速移动
9	MoveL　Offs（P200，0，0，100），v500，z50，tool0；	快速移动到安全位置
10	MoveAbsJ jops100 \ NoEoffs，v500，z50，tool0；	回到初始原点
11	ENDPROC	

任务三　数组功能认知

【任务目标】

了解数组的定义与分类，理解数组的基本功能，掌握创建数组的基本流程。

【学习内容】

一、数组的基本功能

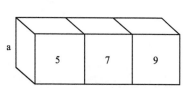

所谓数组，是有序的元素序列，是用于储存多个相同类型数据的集合。

若将有限个类型相同的变量的集合命名，那么这个名称为数组名。组成数组的各个变量称为数组的分量，也称为数组的元素，有时也称为下标变量。用于区分数组的各个元素的数字编号称为下标。数组是在程序设计中，为了处理方便，把具有相同类型的若干元素按无序的形式组织起来的一种形式。这些无序排列的同类数据元素的集合称为数组。

数组是一种特殊类型的变量，普通的变量包含一个数据值，而数组可以包含多个数据值。可以数组描述为一维或多维表格，在工业机器人编程或操作工业机器人系统时，使用的数据都保持在此表格中。

在 ABB 工业机器人中，RAPID 程序可以定义一维、二维以及三维数组。

1. 一维数组

一维数组示例如图 4-19 所示，以一维数组 a 为例，其有 3 列，分别是 5、7、9，此数组和数组内容可表示为 Array{a}。

图 4-19　一维数组维数示意图

程序举例：

VAR num Array1{3}：=[5,7,9]；

reg2：=Array1{3}；

则 reg2 输出的结果为 9。

数组的三个维度与线、面、体的关系类似，一维数组就像在一条线上排列的元素，上例中一维数组 Array1 的三个元素排列分别为 5、7、9，当数值寄存器 reg2 的值为数组 Array1 的第三位时，即是三个元素中的第三位 9。

2. 二维数组

二维数组示例如图 4-20 所示，以二维数组 a、b 为例，a 维上有 3 行，b 维上有 4 列，此数组和数组内容可以表示为 Array2{a，b}。

程序举例：

VAR num Array2{3,4}：=[[1,2,3,4]，[5,6,7,8]，[9,10,11,12]]；

reg2：=Array2{3,3}；

则 reg2 输出的结果为 11。

二维数组类似于行列交错的面，每一个交点都存储一个值，等式中数值寄存器 reg2 的值为数组 Array2 的第 3 行、第 3 列，可等效 {a3，b3}，即为 11。

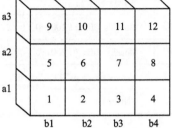

图 4-20 二维数组维数示意图

3. 三维数组

三维数组示例如图 4-21 所示，以三维数组 a、b、c 为例，a 维上有 2 行，b 维上有 2 列，c 维上有 2 列，此数组和数组内容可以表示为 Array3{a,b,c}。

程序举例：

VAR num Array3{2,2,2}：=[[[1,2]，[3,4]]，[[5,6]，[7,8]]]；

reg2：=Array3{2,1,2}；

则 reg2 输出的结果为 6。

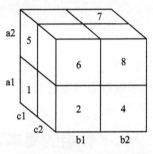

图 4-21 三维数组维数示意图

三维数组是在二维数组的基础上多了一维，类似于面到体的变化，等式中数值寄存器 reg2 的值等于三维数组 Array3 的第二行第一列第二层，可等效 {a2，b1，c2}，即为 6。

二、 数组创建流程

在 ABB 工业机器人中，RAPID 程序可以定义一维、二维以及三维数组。为便于学习，接下来以二维数组为例，讲解数组创建流程，见表 4-14。

表 4-14 数组创建流程

序号	描述	操作步骤图示
1	打开程序数据，选择数据类型为"num"	

（续）

序号	描述	操作步骤图示
2	弹出如图界面	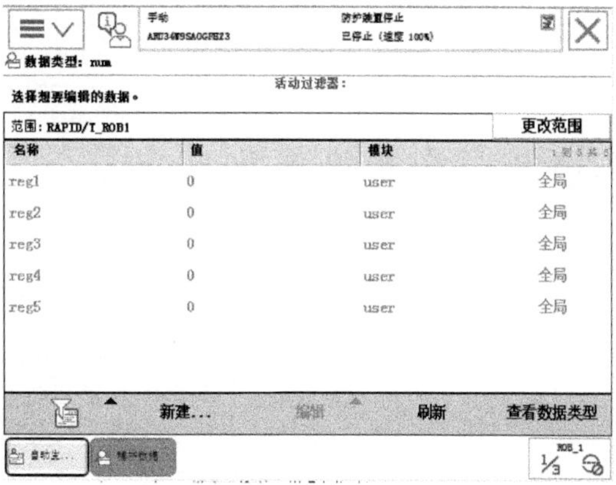
3	单击"新建"按钮，需要设置声明，将维数设置好后即为数组（本例中设置为"2"，"存储类型"选择"可变量"）	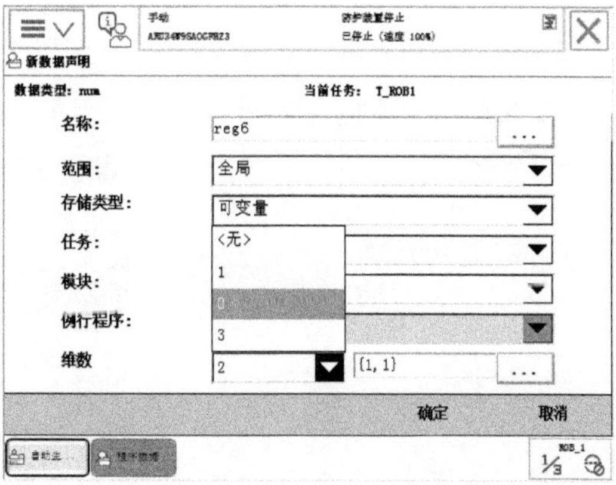
4	维数设置完成后单击其右侧的"…"按钮，系统进入数组维数设置界面，可设置数组的行、列、层数（本例中设置为3行、2列）	

（续）

序号	描述	操作步骤图示
5	数组创建完成后，选择所创建的数组，然后选择"编辑"→"更改值"	 数据类型: num 选择想要编辑的数据。 范围: RAPID/T_ROB1 更改范围 名称 值 模块 reg1 0 user 全局 reg2 0 user 全局 reg3 0 user 全局 reg4 0 user 全局 reg5 0 user 全局 reg6 数组 module1 全局 （删除 更改声明 更改值 复制 定义） 新建… 编辑 刷新 查看数据类型
6	进入更改值界面，单击各个存储位置进行元素的添加	 维数名称: reg6{3,2} 点击需要编辑的组件。 组件 值 {1,1} 2 {1,2} 4 {2,1} 0 {2,2} 0 {3,1} 0 {3,2} 0 关闭

任务四　数组码垛示教编程

【任务目标】

能根据物料空间的摆放位置完成物料数组的创建，运用数组完成码垛工作站的程序结构设计与程序编制。

【学习内容】

一、 物料数据数组创建

首先，根据工作流程分析编程过程。假设已经完成摆放第 1 块物料的程序，工具坐标系使用 tool0，工业机器人从双层物料库抓取第 1 块物料，放置到托盘上的第 1 块物料位置；然后再从双层物料库中抓取第 2 块物料，摆放到托盘上的第 2 个物料位置，依次类推，完成 6 块物料位置的放置。如图 4-22 所示，利用数组来存放各个抓取和摆放位置的位置数据，物料尺寸为 60mm×30mm×20mm。

建立工业机器人抓取物料数据的数组 reg7{6,3}: = [[0,0,0],[0,−80,0],[0, −160,0],[−100,0,200],[−100,−80,200], [−100,−160,200]]。此数组中共有 6 组数据，分别对应 6 个不同的抓取位置，每组数据中的 3 个数值分别代表其相对第 1 个抓取物料在 X、Y、Z 方向的偏移值。

物料码垛摆放位置如图 4-23 所示。建立工业机器人放置物料数据的数组 reg8{6,4}:

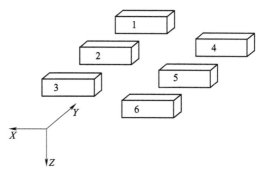

图 4-22 物料初始摆放位置

=[[0,0,0,0],[0,−30,0,0],[−45,−15,0,90],[15,−15,−20,90],[−30,0,−20,0],[−30, −30,−20,0]]。此数组中共有 6 组数据，分别对应 6 个不同的摆放位置，每组数据中的 4 个数值分别代表其相对第一个放置物料在 X、Y、Z 方向的偏移值和 Z 轴的旋转角度。

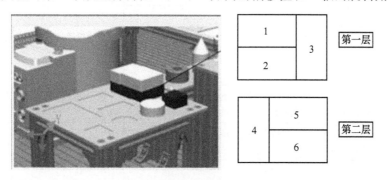

图 4-23 物料码垛摆放位置

二、 数组码垛编程应用

首先，完成第 1 块物料从安装夹爪到放置到平面托盘上的示教编程；第 1 块物料的程序编辑完成之后，新建两个数组 reg7 和 reg8，按照物料块的位置更改数组的相应数值，数组码垛程序结构见表 4-15。需要注意的是，在建立数组时，应将"存储类型"设置为"可变量"，否则数组关闭后会自动清零。

表 4-15 数组码垛程序结构

序号	程序结构	解　释
1	PROC main ()	主程序，每个模块有且只有一个，用于调用其他例行程序
2	rInit ();	初始化子程序，将所有输入输出点恢复到初始状态
3	GripTool ();	工具拾取子程序，用于操作机器人在工具库拾取吸盘工具
4	SZStackWork ();	工件码垛子程序，用于操作机器人将物料从 A 处移动到 B 处
5	ReleaseTool ();	工具释放子程序，用于操作机器人在工具库释放吸盘工具
6	ENDPROC	

工件码垛子程序见表 4-16。

表 4-16　数组码垛子程序

序号	数组码垛子程序	
1	PROC　SZStackWork（）	
2	reg1：=1	循环初始值
3	MoveAbsJ　jops10\ NoEoffs, v500, z50, tool0；	初始原点
4	WHILE　reg1<=6　Do	共循环 6 次
5	MoveJ P50, v500, z10, tool0	过渡点
6	MoveJ RelTool（P100, reg6 {reg1, 1}, reg6 {reg1, 2}, reg6 {reg1, 3} -40), v500, z10, tool0；	关节快速移动到抓取工件位置点正上方某处
7	MoveL RelTool（P100, reg6 {reg1, 1}, reg6 {reg1, 2}, reg6 {reg1, 3}), v200, fine , tool0；	直线慢速移动到抓取工件位置点
8	WaitTime 1；	等待 1s
9	Set DO10-11	抓取工件
10	WaitTime 1；	等待 1s
11	MoveL RelTool（P100, reg6 {reg1, 1}, reg6 {reg1, 2}, reg6 {reg1, 3} -40), v200, z10, tool0；	直线慢速移动到抓取工件位置点正上方某处
12	MoveJ P150, v500, z10, tool0；	过渡点
13	MoveJ RelTool（P200, reg7 {reg1, 1}, reg7 {reg1, 2}, reg7 {reg1, 3} -40\ Rz：= reg7 {reg1, 4}), v500, z10, tool0；	关节快速移动到放置工件位置点正上方某处
14	MoveL RelTool（P200, reg7 {reg1, 1}, reg7 {reg1, 2}, reg7 {reg1, 3} \ Rz：= reg7 {reg1, 4}), v200, fine , tool0；	直线慢速移动到放置工件位置点
15	WaitTime 1；	等待 1s
16	Reset DO10-11	放置工件
17	WaitTime 1；	等待 1s
18	MoveL RelTool（P200, reg7 {reg1, 1}, reg7 {reg1, 2}, reg7 {reg1, 3} -40\ Rz：= reg7 {reg1, 4}), v200, z10, tool0；	直线慢速移动到放置工件位置点正上方某处
19	Incr reg1	+1，进入下个工件摆放
20	ENDWHILE	
21	MoveAbsJ　jops10\ NoEoffs, v500, z50, tool0；	初始原点
22	ENDPROC	

习　　题

一、选择题

1. (　　) zone 可获得最圆滑路径。

　A. z1　　　　　　　B. z5　　　　　　　C. z10　　　　　　　D. z100

2. 机器人速度的单位是 (　　)。

　A. cm/min　　　　B. in/min　　　　　C. mm/s　　　　　　D. in/s

3. 在急停解除后，在 (　　) 复位可以使电机上电。

　A. 控制柜白色按钮　　B. 示教器　　　　C. 控制柜内部　　　D. 机器人本体

4. 二维数组 VAR num reg1{3,4}：=[[1,2,3,4],[5,6,7,8],[9,10,11,12]]；其中 reg2：= reg1{3,2}，

则 reg2 输出的结果为（   ）。

    A. 3   B. 7   C. 10   D. 12

5. （   ）指令将数字输出信号置1。

    A. Set   B. Reset   C. SetDO   D. PulseDo

6. 程序段 FOR I = 1 To 6   STEP   2；循环体部分语句一共要执行（   ）次。

    A. 1   B. 3   C. 5   D. 6

7. 程序段 FOR I = 1 To 6；循环体部分语句一共要执行（   ）次。

    A. 1   B. 3   C. 5   D. 6

二、简述题

1. 程序语句 MoveJ P10, v200, z30, tool2；的含义是什么？

2. 程序语句 MoveL P10, v200, z30, tool1；的含义是什么？

3. 程序语句 MoveL Offs（P20, 0, 0, 50）, v100, z40, tool1；的含义是什么？

4. 程序语句 MoveL RelTool（P20, 0, 0, 50）, v100, z40, tool1；的含义是什么？

三、编程题

1. 将百分制的分数转化为对应的等级。

根据表4-17的要求用 IF 语句编写分数转换等级程序，其中变量分数范围定义为 score，对应等级定义为 grade，完成程序编制。

表4-17 百分制分数对应的等级

序号	分数范围（score）	对应等级（grade）
1	90 分及以上	A
2	80 分及以上	B
3	70 分及以上	C
4	60 分及以上	D
5	60 分以下	F

2. 复杂工件堆垛。

货物在传动带 A 处不断出料（共3个工件），机器人将货物经 C 处逐个移动到 B 处，完成按图4-24所示1层码垛。工件为长50mm、宽25mm、高20mm的长方体。

1）完成变量定义。

2）完成程序编制。

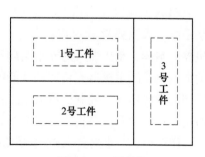

图4-24　1层码垛

项目五 焊接工作站编程与操作

PROJECT 5

【模块目标】

了解焊接工作站的用途与基本组成，掌握焊接工作站的安全规范与操作流程；掌握焊接工作站焊接参数的基本意义与设置流程；掌握基本焊接指令，能根据任务要求完成焊接工作站的程序结构设计与程序编制，并完成焊接工作站的示教与焊接任务。

任务一 焊接工作站认知

【任务目标】

了解焊接工作站的用途与基本组成，掌握焊接工作站的安全规范与操作流程。

【学习内容】

一、基本组成

焊接机器人实训工作站如图 5-1 所示，主要包括 ABB 工业机器人系统、工作站防护罩、焊接工作台、总控制电柜、焊接电源、送丝机、焊丝盘、焊炬、保护气瓶总成、防护面罩和安全防护罩等。

1. ABB 工业机器人

ABB 工业机器人由机械系统、控制系统和驱动系统三大重要部分组成。其中，机械系统即为

图 5-1 焊接机器人实训工作站

机器人本体，是机器人的支承基础和执行机构，包括基座、臂部、腕部；控制系统是机器人的大脑，是决定机器人功能和性能的主要因素，主要功能是根据作业指令程序以及从传感器反馈回来的信号，控制机器人在工作空间中的位置运动、姿态和轨迹规划、操作顺序及动作时间等；驱动系统是指驱动机械系统动作的驱动装置。

IRB1410 工业机器人配合 IRC5 的弧焊功能，一般用于弧焊。IRB1410 技术指标详见表 5-1，实物如图 5-2 所示。

表 5-1 IRB1410 工业机器人技术指标

指　标		参　数
	机械结构	6 个自由度
	载荷质量	5kg
	定位精度	0.05mm
	安装方式	落地式
	本体质量	225kg
	电源容量	4kW
	最大臂展半径	1.44m
	标准涂色	橘黄色
最大工作范围	1 轴（旋转）	−170°~170°
	2 轴（旋转）	−70°~70°
	3 轴（旋转）	−65°~70°
	4 轴（旋转）	−150°~150°
	5 轴（旋转）	−115°~115°
	6 轴（旋转）	−300°~300°
最大速度	1 轴（旋转）	120°/s
	2 轴（旋转）	120°/s
	3 轴（旋转）	120°/s
	4 轴（旋转）	280°/s
	5 轴（旋转）	280°/s
	6 轴（旋转）	280°/s
安装环境	环境温度	5~45℃
	相对湿度	≤95%
	防护等级	IP54
	噪声水平	≤70dB

2. 焊接电源

本实训工作站中的焊接电源采用松下 YD-350GR 数字 IGBT 控制 MIG/MAG 弧焊电源，如图 5-3 所示。松下 YD-350GR 弧焊电源的主要焊接对象为碳钢和不锈钢，可实现多种焊丝低飞溅的焊接，具有内置焊接专家数据库、搭载模糊控制机能、标配自动焊专机模拟接口和机器人专用机型等特点。

3. 送丝机

送丝机采用松下配套的 YW-35DG 高精度数字送丝机，如图 5-4 所示。送丝机是安

图 5-2 IRB1410 工业机器人

装在机器人轴上，为焊炬自动输送焊丝的装置。

图 5-3　松下 YD-350GR 弧焊电源

图 5-4　松下配套 YW-35DG 送丝机

4. 焊炬

焊炬利用焊接电源的高电流、高电压产生的热量聚集在焊炬终端，熔化焊丝，熔化的焊丝渗透到需焊接的部位，冷却后，与焊接的物体牢固地连接成一体。本工作站采用的焊炬型号是松源 350GC 机器人焊炬，如图 5-5 所示。

5. 焊丝盘

焊丝规则地缠绕在焊丝盘上。本工作站的焊丝盘安装在机器人轴上，如图 5-6 所示。

图 5-5　松源 350GC 机器人焊炬

6. 保护气瓶总成

保护气瓶总成由气罐、气体调节器和 PVC 气管等组成，如图 5-7 所示。气体调节器由减压机构、压力表、加热器和流量计等组成。本工作站采用的保护气体是 CO_2，体积分数≥99.8%。气体调节器采用松下配套的型号为 YX-25CD1HAM 的焊接专用气体调节器。其参数规格见表 5-2。

图 5-6　焊丝盘

图 5-7　保护气瓶总成

表 5-2　YX-25CD1HAM 焊接专用气体调节器参数

型号	YX-25CD1HAM		
适用气体	焊接用液化 CO_2	焊接用氩气	焊接用混合气体 MAG（Ar+CO_2）
入口压力	≤11.8MPa	≤14.7MPa	
调整压力	0.35MPa		
额定气体流量	1~25L/min		
额定负载持续率	100%		
加热器电源	AC 36V，190W		
加热器电缆长度	3m		
安全阀动作压力	0.56~0.7MPa		
质量	2.1kg		

7. 焊接工作台

焊接工作台是焊接过程中用来固定和夹紧需焊接工件的专用工作台。本工作站采用应用最普遍的焊接工作台，如图 5-8 所示。

8. 总控制电柜

总控制电柜主要包括工作站总电源开关、焊接机器人开关、焊接电源开关、电气元器件及各功能按钮，如图 5-9 所示。

图 5-8　焊接工作台

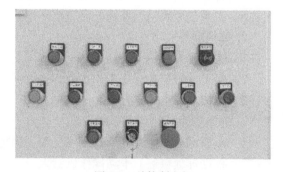

图 5-9　总控制电柜

9. 安全防护罩

安全防护罩主要应用在焊接工作站、去毛刺工作站及数控加工工作站等存在危险并可能对人身造成伤害的设备中。

二、 安全操作规范

1. 工业机器人安全操作规范

1）未经许可不能擅自进入机器人工作区域；机器人处于自动模式时，不允许进入其运动所及范围。

2）机器人运行中发生任何意外或运行不正常时，应立即按下急停按钮，使机器人停止运行。

3）在编程、测试和检修时，必须将机器人置于手动模式，并使机器人以低速运行。

4）调试人员进入机器人工作区域时，需随身携带示教器，以防他人误操作。

5）在不移动机器人或不运行程序时，应及时释放使能器按钮。

6）突然停电时要及时关闭机器人主电源。

7）发生火灾时，应使用二氧化碳灭火器灭火。

2. 焊接机器人安全注意事项

1）进行焊接工作时，为避免焊接烟尘或气体危害，应按规定使用保护用具。

2）应佩戴护具，避免焊接弧光和飞溅的焊渣对眼部和皮肤造成伤害。

3）应保护气气瓶置于固定架上，并放在干燥、阴暗的环境中，避免气瓶倾倒，造成人身伤害事故。

4）系统开启后，不可触摸任何带电部位，避免引起灼伤。

三、 工作站操作流程

1. 开启系统

1）打开总控制电柜，将内部断路器依次全部打开。

2）旋动总控制电柜上带有"控制启停"字样的钥匙开关，控制回路上电。

3）按下总控制电柜上带有"系统上电"字样的绿色按钮，系统上电，同时指示灯点亮。

4）将 ABB 工业机器人控制器上的电源开关旋转到"ON"指示位，机器人系统开启。

5）将焊接电源的开关向上扳起，启动焊机。

6）打开气瓶阀门，系统开启完毕。

2. 焊前准备

1）选择要焊接的工件。

2）将工件安装在焊接工作台上。

3）焊接工具坐标系设置。

3. 开始焊接

1）示教编写程序，调试好程序之前，锁定"焊接启动"功能。

2）根据焊缝轨迹，手动操作机器人，同时添加焊接指令。

3）编写好程序后，开始调试程序。

4）在"焊接启动"功能锁定时，在手动模式下运行编写好的程序，并观察示教轨迹与焊缝轨迹是否重合，且焊接速度是否合适。

5）若有问题，需要重新示教编写程序或微调程序，若没有问题，开始下一步操作。

6）开启"焊接启动"功能，在手动模式下运行程序，焊接过程中要做好安全防护措施。

7）焊接过程完毕。

4. 关闭系统

1）关闭气瓶阀门。

2）拉下焊接电源开关，关闭焊接电源。

3）将 ABB 工业机器人控制器的开关旋转到"OFF"指示位，关闭机器人系统。

4）按下总控制电柜上带有"系统下电"字样的按钮，系统下电。

5）再次旋动总控制电柜上带有"控制启停"字样的钥匙开关，控制回路下电。

6）系统关闭。

任务二　焊接工作站参数配置

【任务目标】

掌握焊接工作站焊接参数的基本意义与设置流程。

【学习内容】

一、焊接机器人参数配置

弧焊指令包括 3 个参数：seam、weld 和 weave。

1. seam（弧焊参数，seamdata）

seam 参数是弧焊参数的一种，是用于焊接引弧、加热与收弧以及中断后重启时的相关参数，其配置界面如图 5-10 所示，含义见表 5-3。

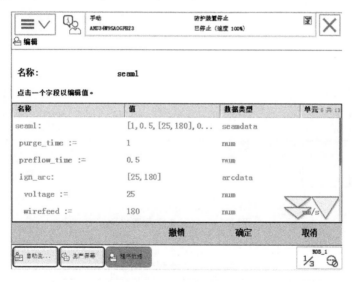

图 5-10　seam 参数配置界面

表 5-3　seam 弧焊参数

弧焊参数（指令）		指令定义的参数
purge_time		保护气管路的预充气时间
preflow_time		保护气的预吹气时间
ign_arc	voltage	起弧电压
	wirefeed	起弧电流（起弧送丝速度）
scrape_start		刮擦起弧次数
cool_time		冷却时间
fill_time		填弧坑时间

（续）

弧焊参数（指令）		指令定义的参数
fill_arc	voltage	收弧电压
	wirefeed	收弧电流（收弧送丝速度）
postflow_time		焊道保护送气时间

2. weld（弧焊参数，welddata）

weld 参数是弧焊参数的一种，用于设置焊接参数，其配置界面如图 5-11 所示，含义见表 5-4。

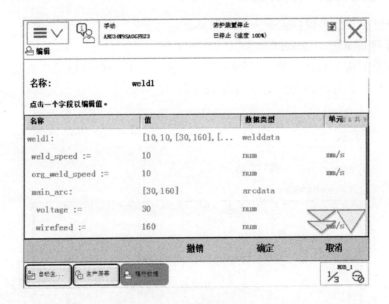

图 5-11　weld 参数配置界面

表 5-4　weld 焊接参数

弧焊参数（指令）		指令定义的参数
weld_speed		主焊接速度
org_weld_speed		初始焊接速度
main_arc	voltage	主焊接电压
	wirefeed	主焊接电流（主焊接送丝速度）
org_arc	voltage	初始焊接电压
	wirefeed	初始焊接电流（焊接送丝速度）

3. weave（弧焊参数，weavedata）

weave 参数是弧焊参数的一种，用于定义摆动参数，其配置界面如图 5-12 所示，含义见表 5-5。

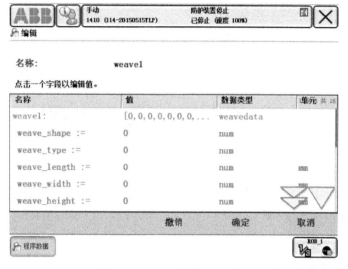

图 5-12　weave 参数配置界面

表 5-5　weave 摆动参数

弧焊参数（指令）		指令定义的参数
weave_shape	0	无摆动
	1	平面锯齿形摆动
	2	空间 V 字形摆动
	3	空间三角形摆动
weave_type	0	机器人所有的轴均参与摆动
	1	仅手腕参与摆动
weave_length		摆动一个周期的长度
weave_width		摆动一个周期的宽度
weave_height		空间摆动一个周期的高度
dwell_left		摆动中在摆动左边运动的距离
dwell_center		摆动中在摆动中间运动的距离
dwell_right		摆动中在摆动右边运动的距离
weave_dir		摆动倾斜角度（焊道的 X 方向）
weave_tilt		摆动倾斜角度（焊道的 Y 方向）
weave_ori		摆动倾斜角度（焊道的 Z 方向）
weave_bias		摆动中心偏移
org_weave_width		初始摆动宽度
org_weave_hight		初始摆动高度
org_weave_bias		初始摆动中心偏移

二、 焊接工具坐标系设定

详见项目二任务四"坐标系的设置"。

任务三　焊接工作站示教编程

【任务目标】

掌握基本焊接指令意义，能根据任务要求完成焊接工作站的程序结构设计与程序编制，并完成焊接工作站的示教与焊接任务。

【学习内容】

一、 焊接指令介绍

弧焊指令的基本功能与普通"Move"指令一样，可实现运动及定位。

1. ArcL

ArcL 为直接焊接指令，类似于 MoveL，包含以下 3 个选项：

1) ArcLStart 开始焊接。

2) ArcL 焊接中间点。

3) ArcLEnd 焊接结束。

2. ArcC

ArcC 为圆弧焊接指令，类似于 MoveC，包含 3 个选项：

1) ArcCStart 开始焊接。

2) ArcC 焊接中间点。

3) ArcCEnd 焊接结束。

3. 焊接指令使用方法

（1）ArcLStart　用于直线焊缝的焊接开始，工具中心点线性移动到指定目标位置，整个焊接过程通过参数监控和控制。

ArcL P1，v100，seam1，weld1 \ weave：=weave1，fine，tool0；

其中：ArcL：直线运动；P1：目标点；v100：空走速度；seam1：控制起弧和收弧过程；weld1：控制焊接过程的参数；weave1：焊接过程的摆弧参数。

（2）ArcCStart　用于圆弧焊缝的焊接开始，工具中心点线性移动到指定目标位置，整个焊接过程通过参数监控和控制。

ArcC P1，P2，v100，seam1，weld1 \ weave：=weave1，fine，tool0；

其中：ArcC：圆弧运动；P1：目标点；v100：空走速度；seam1：控制起弧和收弧过程；weld1：控制焊接过程的参数；weave1：焊接过程的摆弧参数。

4. 焊接指令使用原则

1) 任何焊接程序都必须以 ArcLStart 或者 ArcCStart 开始，一般以 ArcLStart 开始。

2) 任何焊接程序都必须以 ArcLEnd 或者 ArcCEnd 结束。

3）焊接中间点用 ArcL 或者 ArcC。

4）焊接过程中不同语句可以使用不同的焊接参数（seamdate 与 welddate）。

二、 焊接程序编辑

1. 焊接机器人的直线轨迹示教

机器人直线焊缝轨迹如图 5-13 所示，机器人从起始点 P10 运行到 P50，从 P20 起弧开始焊接，到 P40 收弧停止焊接，P10 和 P50 分别作为焊接临近点和焊炬规避点，P30 为焊接过程中追加的焊接中间点。直线轨迹程序编辑步骤见表 5-6。

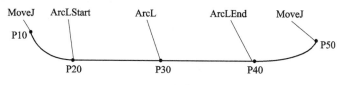

图 5-13　直线焊缝轨迹

表 5-6　直线轨迹程序编辑步骤

序号	描述	操作步骤图示
1	打开程序编辑器的例行程序选项卡，这里有默认的 main() 程序	![操作步骤图示]
2	选择"文件"→"新建例行程序"	![操作步骤图示]

（续）

序号	描述	操作步骤图示
3	在弹出的例行程序创建界面中，修改例行程序名称为"hj01"，单击"确定"按钮	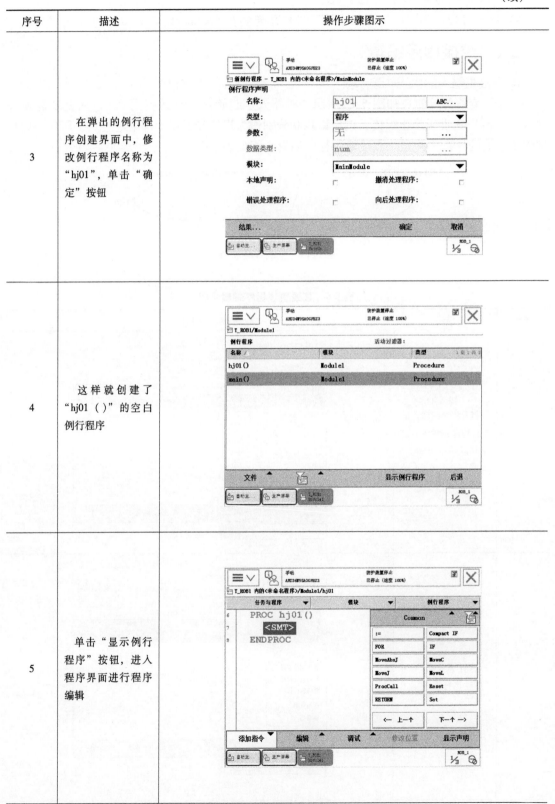
4	这样就创建了"hj01（ ）"的空白例行程序	
5	单击"显示例行程序"按钮，进入程序界面进行程序编辑	

（续）

序号	描述	操作步骤图示
6	手动移动机器人，根据图示轨迹依次添加指令	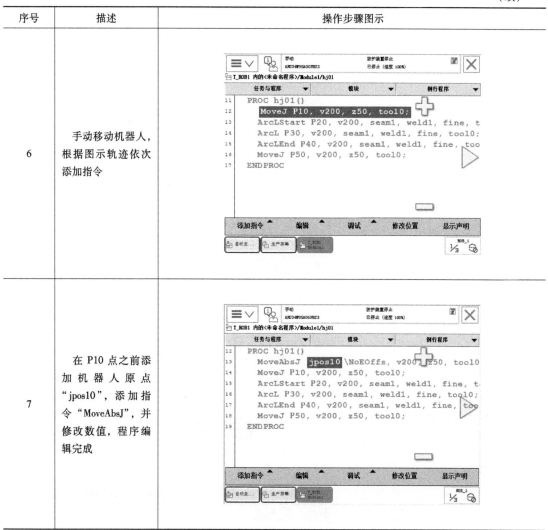
7	在 P10 点之前添加机器人原点"jpos10"，添加指令"MoveAbsJ"，并修改数值，程序编辑完成	

2. 焊接机器人的圆弧轨迹示教

机器人圆弧焊缝轨迹如图 5-14 所示，机器人从起始点 P10 运行到 P70，并从 P20 开始起弧焊接，到 P60 收弧停止焊接，P10 和 P70 分别作为焊接临近点和焊炬规避点，P30、P40、P50 为焊接过程中追加的焊接中间点。圆弧轨迹程序编辑步骤见表 5-7。

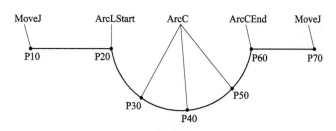

图 5-14　圆弧焊缝轨迹

表 5-7　圆弧轨迹程序编辑步骤

序号	描述	操作步骤图示
1	新建例行程序 "hj02（）"	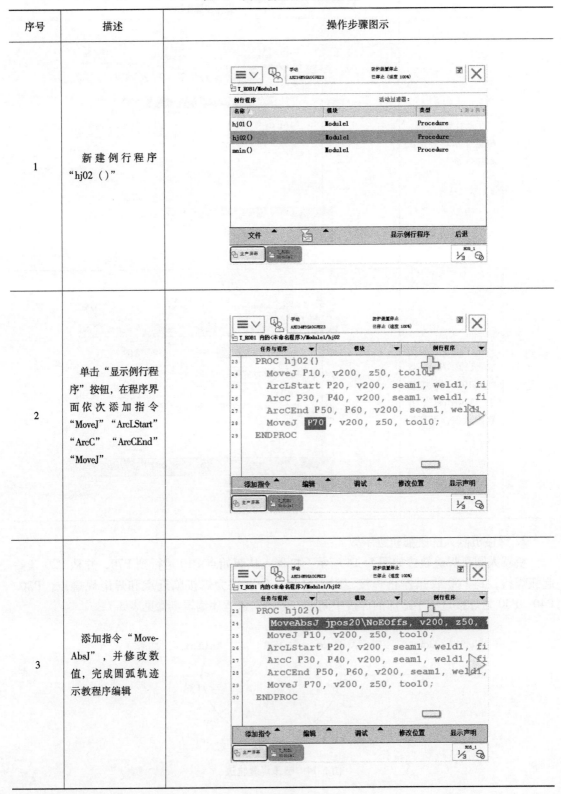
2	单击"显示例行程序"按钮，在程序界面依次添加指令 "MoveJ" "ArcLStart" "ArcC" "ArcCEnd" "MoveJ"	
3	添加指令 "Move-AbsJ"，并修改数值，完成圆弧轨迹示教程序编辑	

三、 焊接工作站编程应用

1. CO_2保护焊工艺特点

CO_2保护焊工艺一般包括短路过渡和细滴过渡两种。短路过渡工艺采用细焊丝、小电流和低电压。焊接时，熔滴细小而过渡频率高，飞溅小，焊缝成形美观，主要用于焊接薄板及全位置焊接。细滴过渡工艺采用较粗的焊丝，焊接电流较大，电弧电压也较高，焊接时电弧是连续的，焊丝熔化后以细滴形式进行过渡，电弧穿透力强，母材熔深大，适用于中厚板焊件的焊接。

CO_2保护焊的焊接参数包括焊丝直径、焊接电流下限、电弧电压、焊接速度、保护气流量和焊丝伸出长度等。如果采用细滴过渡工艺进行焊接，电弧电压必须在 34~45V 范围内，焊接电流则根据焊丝直径来选择。对于不同直径的焊丝，实现细滴过渡的焊接电流下限是不同的，见表5-8。

表5-8 细滴过渡工艺焊接参数

焊丝直径/mm	焊接电流下限/A	电弧电压/V
1.2	300	
1.6	400	
2.0	500	34~45
4.0	700	

本工作站中，CO_2 气体体积分数为 99.5% 以上，焊丝为直径 1.2mm 的碳钢药芯，其焊接参数见表5-9。

表5-9 焊接参数表

序号	焊接参数	设定值
1	焊丝直径	1.2mm
2	焊接电流下限	300A
3	电弧电压	34~45V
4	焊接速度	40~60m/h
5	保护气流量	25~50L/min
6	焊丝伸出长度	10~15mm

2. 焊接前准备

（1）锁定弧焊工艺 在空载或调试焊接程序时，需要禁止焊接启动功能，或禁止其他功能（摆动启动功能、跟踪启动功能、适用焊接速度功能），步骤见表5-10。

表5-10　功能锁定步骤

序号	描述	操作步骤图示
1	在 ABB 菜单中单击选择"生产屏幕"	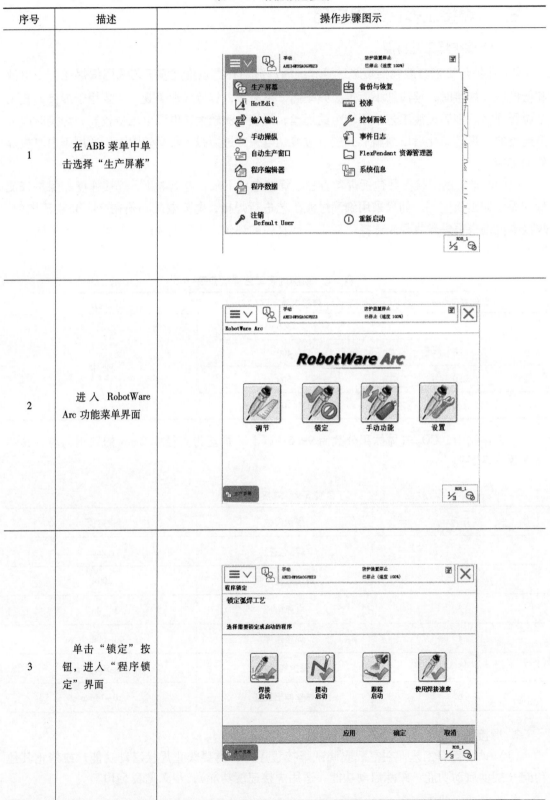
2	进入 RobotWare Arc 功能菜单界面	
3	单击"锁定"按钮，进入"程序锁定"界面	

（续）

序号	描述	操作步骤图示
4	单击"焊接启动"按钮，"焊接启动"字样变成"焊接锁定"，其他功能也可锁定	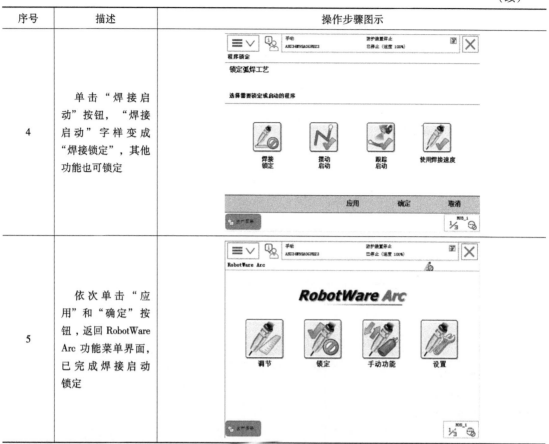
5	依次单击"应用"和"确定"按钮，返回 RobotWare Arc 功能菜单界面，已完成焊接启动锁定	

（2）手动送丝和退丝　在确定引弧位置时，常常要使焊丝有合适的伸出长度并与工件轻轻接触，故需要手动送丝功能；若焊丝长度超过要求，则需要使用手动退丝功能或手工剪断。一般来说，焊丝伸出焊炬的长度为 15 倍焊丝直径，故手动送丝时，焊丝伸出长度为 10~15mm。手动送丝和退丝步骤见表 5-11。

表 5-11　手动送丝和退丝步骤

序号	描述	操作步骤图示
1	在 ABB 菜单中单击选择"输入输出"	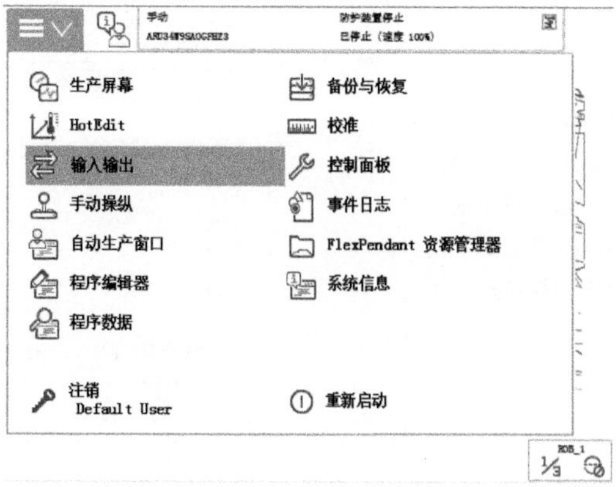

（续）

序号	描述	操作步骤图示
2	进入 I/O 视图界面，在右下角选择"视图"→"数字输出"	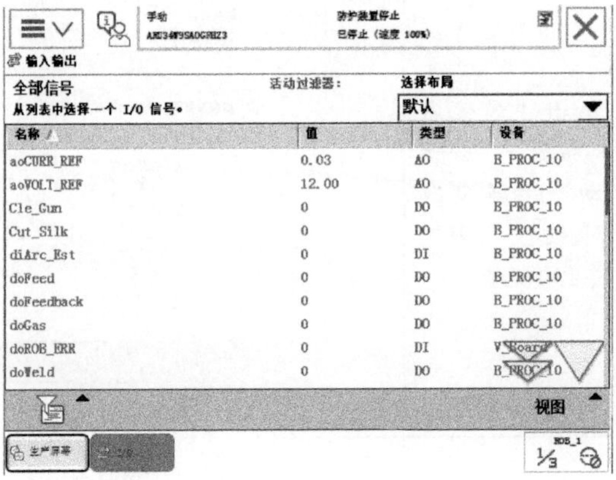
3	此界面会显示所有已设置好的数字输出信号	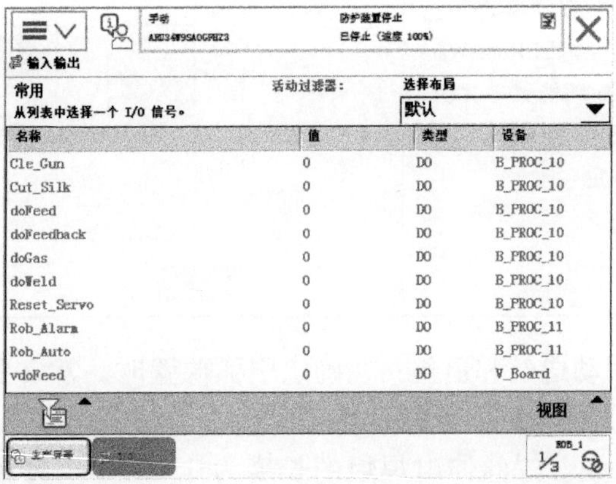
4	手动送丝信号对应的 I/O 信号是"DO10_3"。当 DO10_3 置为 0 时，送丝机不送丝；当 DO10_3 置为 1 时，送丝机开始送丝	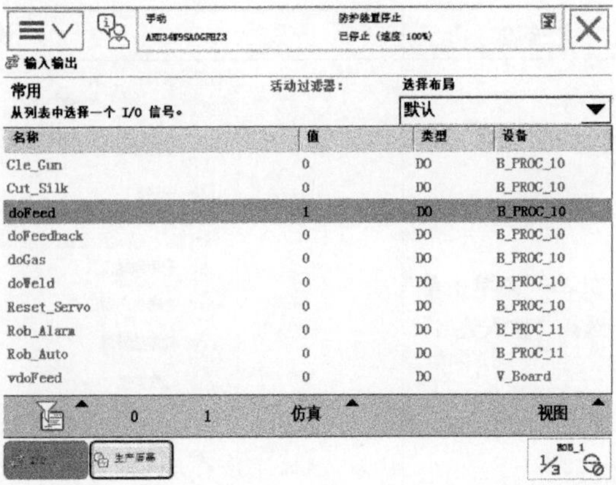

（续）

序号	描述	操作步骤图示
5	手动退丝信号对应的I/O信号是"DO10_4"。当DO10_4置为0时，送丝机不退丝；当DO10_4置为1时，送丝机开始退丝	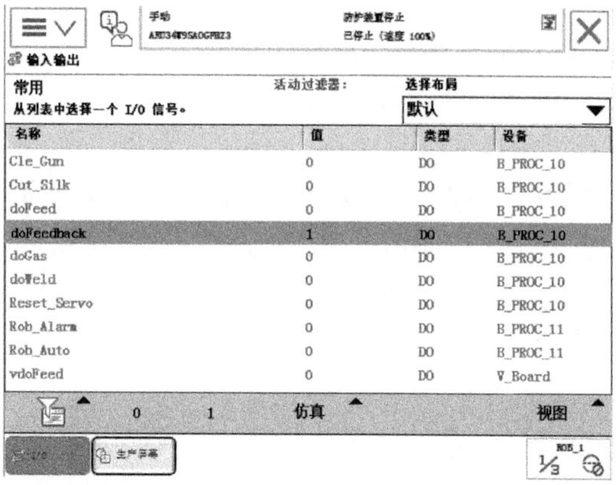

（3）手动控制保护气　保护气的流量对焊接质量有重要影响，焊接时的保护气流量必须在焊前准备过程中调节好。手动控制保护气步骤见表5-12。

表5-12　手动控制保护气步骤

序号	描述	操作步骤图示
1	进入I/O视图界面，选择"常用"，所有已设置好的常用数字输出信号均在此界面显示	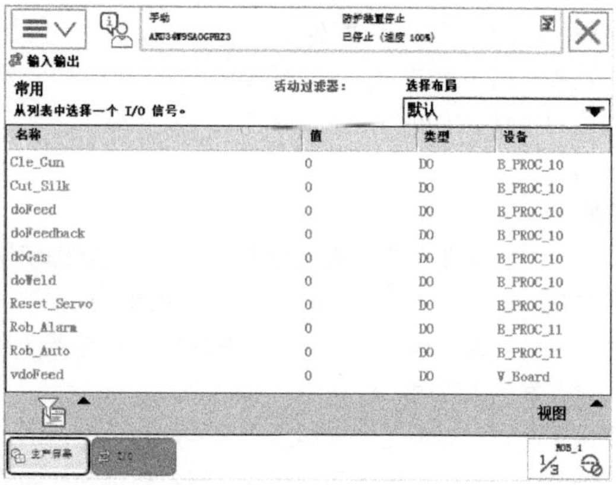
2	手动送气信号对应的I/O信号是"doGas"。doGas置为1时，手动送气开启；doGas置为0时，手动送气关闭	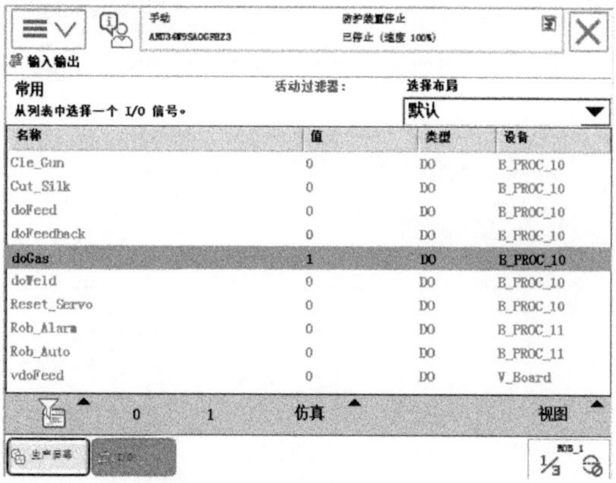

3. 示教编程操作

本任务是手动示教编辑平板堆焊的程序，对于简单的直线焊缝或圆弧焊缝来说，手动示教更加直观、易懂。其操作流程如下。

1）明确任务目标，选取合适的工件。

2）安装工件在焊接工作台上。

3）明确焊接的直线轨迹。

4）手动操纵机器人移至焊接开始点（即轨迹开始点），并在示教器上添加指令。

5）手动操纵机器人移至直线轨迹中间点，并在示教器上添加指令。

6）手动操纵机器人移至焊接结束点（即轨迹结束点），并在示教器上添加指令。

7）移动机器人至开始点上方和结束点上方，分别作为焊接作业临近点和焊炬规避点，并在示教器上添加指令。

8）在锁定焊接功能状态下，单步运行程序，观察运行情况。

9）开启焊接功能，开始焊接。

10）焊接完毕，检查焊接效果。

习　题

一、填空题

1. 弧焊指令包括 3 个焊接参数：_____、_____、_____。

2. ArcL 直接焊接指令包括 3 个选项：_____、_____、_____。

3. ArcC 圆弧焊接指令包括 3 个选项：_____、_____、_____。

4. 任何焊接程序都必须以_____或者_____开始，一般以_____开始。

5. 任何焊接程序都必须以_____或者_____结束。

6. 焊接中间点用_____或者_____。

二、判断题

1. 机器人运行中发生任何意外或运行不正常时，应立即使用急停按钮，使其停止运行。　　　（　　）

2. 调试人员进入机器人工作区域时，不需随身携带示教器。　　　（　　）

3. 在不移动机器人或不运行程序时，应及时释放使能器按钮。　　　（　　）

4. 机器人设备发生火灾时，应使用水及时灭火。　　　（　　）

5. 进行焊接工作时，为避免焊接烟尘或气体危害，应按规定使用保护用具。　　　（　　）

6. 应佩戴护具，避免焊接弧光和飞溅的焊渣对眼部和皮肤造成伤害。　　　（　　）

7. 焊接保护气气瓶应置于固定架上，并放在炎热环境中。　　　（　　）

8. 焊接系统开启后，请勿触摸任何带电部位，避免引起灼伤。　　　（　　）

项目六 视觉检测工作站编程与操作
PROJECT 6

【模块目标】

了解机器视觉概述与分类，理解视觉工作原理；了解视觉工作站的基本组成与任务描述；了解视觉系统的硬件组成、检测系统基本操作；了解图形软件界面，掌握控制系统图形软件的基本操作；掌握通信指令，能与机器人建立通信并实时传送数据；能根据工作任务完成形状、标签以及二维码等视觉实例任务。

任务一 机器视觉认知

【任务目标】

了解机器视觉概述与分类，理解视觉工作原理。

【学习内容】

一、 机器视觉概述

在现代工业自动化生产中，会涉及各种检查、测量、识别等工序，例如零件形状匹配、尺寸检查、自动装配完整性检查、自动定位检查、产品包装上的条码和字符识别等，有这类应用的一般还是连续大批量的生产。在没有机器视觉之前，这些工作只能靠人工重复性劳动完成。这种以人工为基础的检测方式，在给工厂增加巨大人工成本和管理成本的同时，还无法保证100%的检验合格率（即"零缺陷"）。有些时候，如微小尺寸的精确快速测量、颜色识别、字符识别、二维码识别等，用人的肉眼根本无法连续稳定地进行，其他物理量传感器也难有用武之地。由此，逐渐形成了一门新学科，即机器视觉。本项目主要对机器视觉检测工作站进行认知，学习视觉检测工作原理、视觉检测站组成结构、视觉检测系统软件应用等知识，最后学习视觉检测编程与调试等技能。

机器视觉（Machine Vision）目前还没有一个统一、明确的定义。美国机械工程师协会（ASME）的机器视觉分会和美国机器人工业协会（RIA）的自动化视觉分会对机器视觉的定义为：机器视觉是通过光学的装置和非接触的传感器自动地接收和处理一个真实物体的图像，通过分析图像获得所需信息或用于控制机器人运动的装置。简而言之，机器视觉就是用机器代替人眼来做测量和判断。

一般认为，机器视觉是从三维环境中对图像进行摄取，并传送给专用的图像处理系统，得到被摄目标的形态信息，根据像素分布和亮度、颜色等信息，转变成数字化信号，图像系统对这些信号进行各种运算来抽取目标的特征，进而根据判别的结果来控制现场的设备动作。机器视觉是目前非常活跃的研究领域，涉及的学科有图像处理、计算机图形学、人工智能和自动控制等。图 6-1 所示为一个典型的机器视觉检测系统。

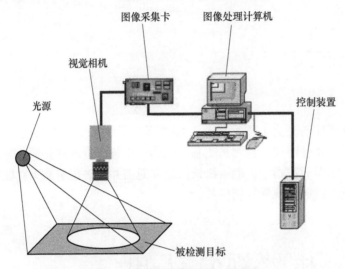

图 6-1 典型的机器视觉检测系统

二、 机器视觉检测工作原理

机器视觉是研究用计算机来模拟生物宏观视觉功能的科学和技术，用通俗的说法就是用机器代替人眼来做测量和判断。其工作原理是采用视觉相机将被摄取的目标转换成图像信号，传送给专用的图像处理系统，根据像素分布、亮度、颜色等信息，转换成数字信号；利用计算机图像系统对这些信号进行各种运算来抽取目标的特征，如尺寸、角度、偏移值、面积、数量、颜色、合格/不合格、有/无等。

机器视觉的特点是自动化、客观、非接触和高精度、高可靠性、适应工业现场环境等。

三、 机器视觉检测系统分类及组成

从视觉检测系统的运行环境分类，可分为 PC-BASED 系统和 PLC-BASED 系统。

其中，PC-BASED 系统基于个人计算机运行平台，具有开放性高、编程灵活性好、良好的 Windows 界面、成本较低、一般可接多镜头等特点。

PLC-BASED 系统更像一个智能化的视觉传感器，其图像处理单元独立于系统，通过通信或者 I/O 单元与 PLC 进行数据交换，具有可靠性高、集成化、小型化、低成本等特点。

机器视觉检测系统一般由以下部分组成。

1. 图像采集单元

即 CCD/CMOS 相机和图像采集卡，它将光学图像转换为模拟/数字图像，并输出至图像处理单元。

2. 图像处理单元

用来对图像采集单元的图像数据进行实时存储，并在图像处理软件的支持下进行图像处理。

3. 图像处理软件

在图像处理单元硬件环境支持下，完成图像处理功能，如几何边缘的提取、Blob（二进制大对象）数据的处理、灰度直方图、OCV／OVR（光学字符验证/光学字符识别）、简单的定位与搜索等。在智能相机中，以上算法都封装成固定的模块，用户可直接应用。

4. 网络通信模块

完成控制信息、图像数据的通信任务。一般采用内置以太网通信装置，支持多种标准网络和总线协议。

5. 其他外部辅助设备

辅助设备为视觉检测提供辅助功能，包括光源、显示器、支架、底座等。

任务二　视觉检测工作站认知

【任务目标】

了解视觉检测工作站的基本组成与任务描述。

【学习内容】

一、 视觉检测工作站的组成

视觉检测工作站位于 CHL-JC-11-A 工业机器人基础教学工作站中下部位，其布局如图 6-2 所示。

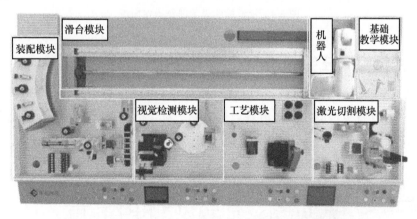

图 6-2　CHL-JC-11-A 工业机器人基础教学工作站布局图

视觉检测工作站主要由 CCD 视觉检测装置、条码扫描枪、条码机、分度盘转台、暂存工装、不合格品存储台、视觉检测显示屏、视觉检测操作面板等部分组成，如图 6-3 与图 6-4 所示。

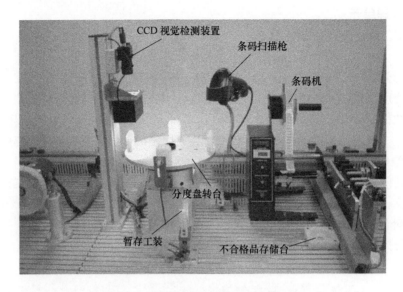

图 6-3　视觉检测工作站组成结构图

图 6-4　视觉检测显示屏及操作面板

二、 视觉检测任务描述

视觉检测工作站的主要工作任务是机器人将放置在暂存工装中的活塞零件吸取到分度盘转台上,通过 CCD 视觉检测装置对活塞进行检测,对合格品进行贴码和扫码处理,将不合格品放至不合格品存储台。

任务三　视觉系统软硬件配置

【任务目标】

了解视觉系统的硬件组成,检测系统基本操作、图形软件界面及其软件基本操作,掌握通信指令,能与机器人建立通信并实时传送数据。

【学习内容】

一、 视觉系统硬件介绍

视觉系统主要由视觉控制器、视觉相机、相机镜头、显示器、连接电缆以及外部辅助设备（如光源）等组成，如图 6-5 所示。

相机镜头

视觉相机

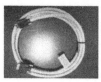
连接电缆

视觉控制器

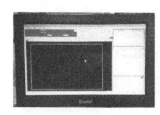
显示器

光源系统

图 6-5　视觉检测站硬件组成

1. 相机镜头

镜头的基本功能是实现光束调制。在视觉系统中，镜头的主要作用是将目标成像在图像传感器的光敏面上。镜头的质量直接影响机器视觉系统的整体性能，合理地选择和安装镜头是机器视觉系统设计的重要环节。

相机镜头主要参数有以下几个：

（1）景深　景深指在景物空间中，能在实际像平面上获得相对清晰影像的景物空间深度范围。

（2）视野　视野也称视场角，是指图像采集设备所能覆盖的范围。

（3）焦距　焦距是主点到成像面的距离，用 f 表示。焦距 f 数值越小，成像面距离主点越近，其画角是广角，可拍摄的场景越大；相反，焦距数值越大，主点到成像面的距离越远，其画角变窄，可拍摄较远的场景。变焦镜头可通过构件改变镜头焦距，使相机清晰成像。

（4）相对孔径　相对孔径是指镜头的入射光孔直径（D）与焦距（f）之比，即 D/f。

（5）光圈系数　相对孔径的倒数称为光圈系数。

（6）明亮度　明亮度指调节光线明亮的程度。明亮度一般通过光圈构件来调整。

2. 视觉相机

视觉相机根据采集图片的芯片可以分成两种，分别是 CCD 和 CMOS。

CCD（Charge Coupled Device）是电荷耦合器件图像传感器。它使用一种高感光度的半导体材料制成，能把光线转变成电荷，通过模/数转换器芯片转换成数字信号，数字信号经过压缩以后由相机内部的闪速存储器或内置硬盘卡保存。

CMOS（Complementary Metal Oxide Semiconductor）是互补金属氧化物半导体，而芯片主

要是利用硅和锗这两种元素所做成的半导体，通过 CMOS 上带负电和带正电的晶体管来实现处理功能。这两个互补效应所产生的电流即可被处理芯片记录和解读成影像。

CMOS 容易出现噪点，容易产生过热现象；而 CCD 抑噪能力强、图像还原性高，但制造工艺复杂，导致相对耗电量高、成本高。

本工作站选择欧姆龙 FZ-SC 彩色 CCD 相机。

3. 视觉控制器

本工作站选用欧姆龙 FH-L550 型视觉控制器。该控制器具有紧凑性好、运行处理速度快、程序编写简单等特点，集定位、识别、计数等功能于一体，可同时连接两台相机进行视觉处理，还支持 Ethernet 通信。

欧姆龙 FH-L550 型视觉控制器面板接口如图 6-6 所示。

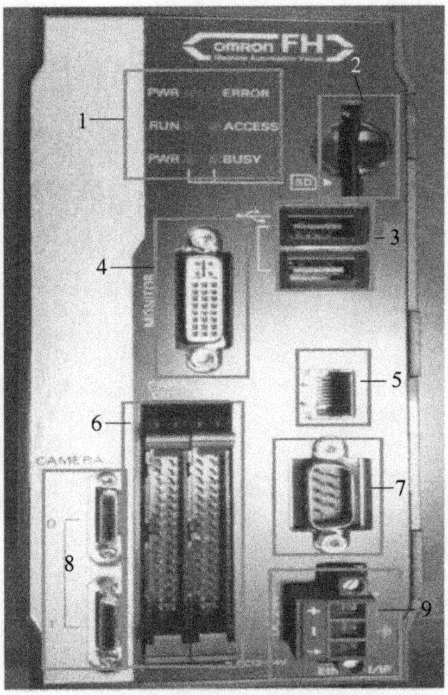

4. 显示器

显示器的主要功能是显示视觉系统软件界面和监视视觉检测画面和结果。

图 6-6 视觉控制器面板图

1—控制器系统运行显示区 2—SD 槽 3—USB 接口
4—显示器接口 5—通信网口 6—并行 I/O 通信接口
7—RS232 通信接口 8—相机接口
9—控制器电源接口

5. 光源

光源的作用是给视觉系统提供照明。正确的照明是视觉系统成功与否的关键，光源直接影响图像的质量，进而影响视觉系统的性能。

光源分为自然光源和人工光源两种，常见人工光源如图 6-7 所示。光源按照照明方式又可分为正面照明和背面照明两种。

图 6-7 常见人工光源

本工作站采用环形 LED 阵列光源，采用正面照明的方式，即将光源置于被测物体的前面，用来照射被测物体表面的图案、缺陷等细节特征，其实物如图 6-8 所示。

6. 欧姆龙 FH-L550 控制器通信方式

欧姆龙 FH-L550 控制器的主要通信方式有以下几种：

1）并行通信：利用视觉控制器并口 CN1 和 CN2 进行通信。

2）PLC LINK 通信：利用欧姆龙图像传感器的通信协议，将保存控制信号、命令/响应、测量数据的区域分配到 PLC 的 I/O 存储器中，通过周期性地共享数据，实现其他设备（如 PC、PLC 等）和视觉控制器之间的数据交换。

3）Ethernet 通信：通过开放式以太网通信协议，实现其他设备与控制器的通信。

图 6-8　环形 LED 阵列光源实物图

4）EtherCAT 通信：利用开放式通信协议，使用 PDO（过程数据对象）通信。

5）无协议通信：不使用特定协议，向控制器发送命令帧，然后从控制器接收响应帧。

二、检测系统基本操作

1. 视觉检测系统开关机与重启

1）打开断路器开关，给视觉控制器上电，即完成视觉检测系统开机。

2）断开断路器开关，即完成视觉检测系统关机。

3）系统重启：如图 6-9 所示，返回主界面，单击"保存"按钮；在弹出的对话框中单击"确定"按钮，保存当前设置参数；单击"功能"下拉菜单，选择"系统重启"，即可重启系统。

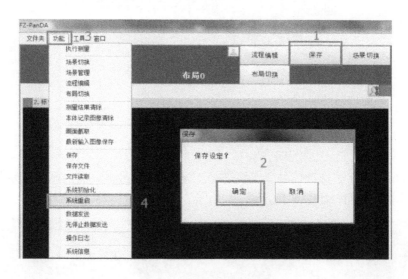

图 6-9　系统重启操作步骤图

2. 光源系统调试

如图 6-10 所示，光源系统调试步骤如下：

1）找到光源控制器，连接电源线和光源输出线。

2）接通电源。

3）打开电源开关。

4）通过旋转变位器来调整光源的明亮程度。

图 6-10　光源系统调试步骤图

3. 显示器设置

1）熟悉显示器各按键，如图 6-11 所示。

图 6-11　显示器按键图

1—电源指示灯　2—开关机按键　3—信号源切换按键　4—系统参数设置按键
5—向右方向键　6—向左方向键

2）如图 6-12 所示，选择信号源切换按键，选择 PC 信号源，则显示器显示界面为视觉系统监控软件初始界面，如图 6-13 所示。

图 6-12　显示信号选择图

图 6-13　视觉系统监控软件初始界面

三、　图形软件界面介绍

控制系统图形软件界面是操作视觉系统、完成检测任务的操作界面，界面中各个组成部分及作用如图 6-14 所示。

图 6-14　控制系统图形软件界面

1. 判定显示窗口

判定显示窗口用于显示综合判定结果。

显示场景的综合判定结果有"OK"和"NG"两种。

注意：如果处理单元群中任何一个判定结果为 NG，则综合判定结果显示为 NG。

2. 信息显示窗口

信息显示窗口用于显示布局、处理时间、场景组名称、场景名称等信息。

布局：将显示当前显示的布局编号。

处理时间：显示测量处理所花的时间。

场景组名称、场景名称：显示当前显示中的场景组编号、场景编号。

3. 工具窗口

工具窗口用于显示常用工具。

流程编辑：启动用于设定测量流程的流程编辑界面。

保存：将设定数据保存到控制器的闪存中。变更任意设定后，必须单击此按钮，保存设定。

场景切换：切换场景组或场景。

布局切换：切换布局编号。

4. 测量窗口

测量窗口用于进行测量操作。

相机测量：对相机中的图像进行试测量。

图像文件测量：对保存后的图像进行再次测量。

输出：要将调整界面中的试测量结果输出到外部时，勾选该选项；当不输出到外部，仅进行传感器控制器单独的试测量时，取消该项目的勾选。

输出勾选设置用于在显示主界面时，临时变更设定。切换场景或布局后，将不保存测量窗口的"输出"中设定的内容，而是应用布局设定的"输出"中的设定内容，应根据具体用途使用。

连续测量：希望在调整界面中连续进行试测量时，勾选该选项。勾选"连续测量"并单击"执行测量"按钮后，将连续重复执行测量。

5. 图像窗口

图像窗口用于显示已测量的图像。

单击处理单元名的左侧按钮，可显示图像窗口的属性界面。

6. 详细结果显示窗口

详细结果显示窗口用显示试测量结果。

7. 流程显示窗口

流程显示窗口用显示测量处理的内容（测量流程中设定的内容）。单击各处理项目的图标，将显示处理项目的参数等要设定的属性界面。

四、 图形软件基本操作

1. 场景组及场景编辑

欧姆龙视觉检测系统自带各种测量对象和测量内容的处理项目。用户只需选择适当的项目，并进行组合和执行，就能完成符合目的的测量。这些处理项目的组合称为场景。

当工作任务需要制作多个场景时，为了方便管理这些场景，可把多个场景进行编组，称为场景组。一个场景组中最多可以创建 128 个不同的场景。

场景组及场景的编辑步骤如下：

1）如图 6-15 所示，单击工具窗口中的"场景切换"按钮，在弹出的对话框中选择需要的场景组和场景即可。

2）如图 6-15 所示，单击"保存"按钮，可以保存设置；单击"流程编辑"按钮，可以在场景中新建、删除和修改流程。

流程编辑	保存	场景切换
布局切换	测量结果清除	本体记录图像清除

图 6-15　工具窗口

2. 相机参数设置

选择切换完流程组和流程后，在流程显示窗口中，可以看到"0. 图像输入 FH"流程，如图 6-16 所示。双击该流程，则弹出相机参数设置界面，如图 6-17 所示。

具体参数设置如下：

1）相机选择：选择正在使用的相机。

2）参数设置：对相机设定、图像调整设定、白平衡、校准等参数进行设置。

3）画面显示：可显示相机的动态画面。

3. 新建流程

如图 6-13 所示，单击工具窗口中的"流程编辑"按钮，弹出的流程编辑界面如图 6-18 所示。

1）单元列表：显示构成流程的处理单元。在列表中追加处理项目，可以制作场景的流程。

2）属性设置按钮：用来显示属性设定界面，进行详细设定。

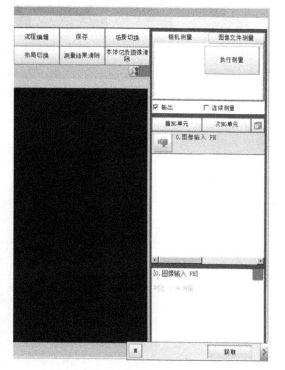

图 6-16　流程显示窗口

3）结束记号：表示流程的结束。

4）流程编辑按钮：对场景内的处理单元进行插入（新建）、排列和删除等操作。

5）显示选项：对图标进行放大，以及选择参照同一场景组内的其他场景操作。

6）处理项目树形结构图：用来选择自带的处理项目。欧姆龙公司事先编辑好的是视觉检测项目，只需要选择就行。

举例：视觉检测流程搭建实例。

如图 6-19 所示，单击"流程编辑"按钮，显示流程编辑界面，在界面右侧的处理项目树形结构图中选择"形状搜索Ⅱ"，单击"插入"或者"追加（最下部分）"按钮，新建一个处理单元。单击形状搜索Ⅱ处理单元中的"属性设定按钮"，则弹出形状搜索Ⅱ属性设定窗口，如图 6-20 所示，在该窗口中可以对处理项目进行设置。

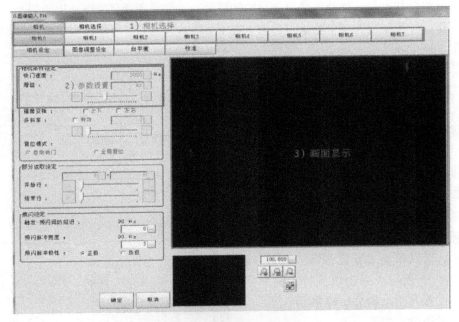

图 6-17　相机参数设置界面

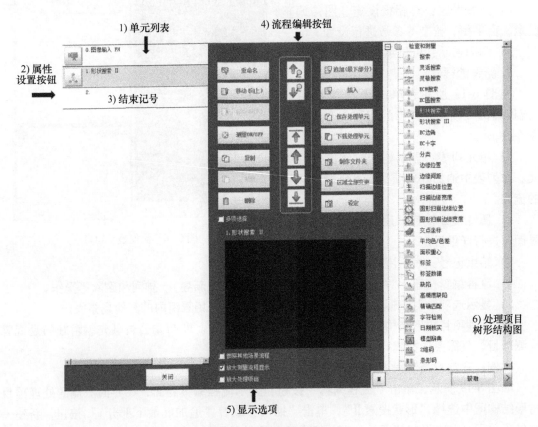

图 6-18　流程编辑界面

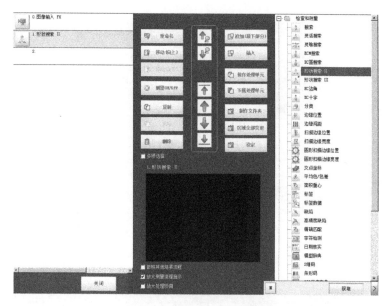

图 6-19　视觉检测流程搭建图

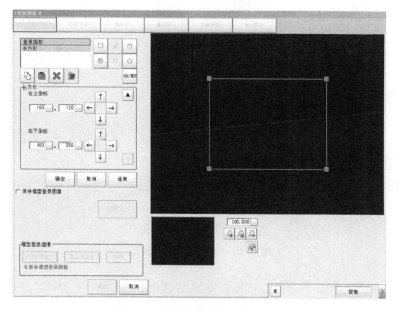

图 6-20　形状搜索Ⅱ属性设定窗口

4. 通信设置

视觉检测系统检测结果一般需要以通信方式反馈给 PC、PLC 等控制设备，因此还需要对视觉控制器进行通信设置。下面以开放式以太网通信协议为例，讲述通信设置。

1）在主界面中选择"工具"→"系统设置"，如图 6-21 所示。

2）在"系统设置"窗口中，单击"启动设定"选项，选择"通信模块"选项卡，设置参数如图 6-22 所示。

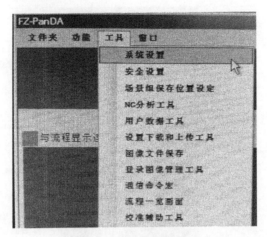

图 6-21 "工具"下拉菜单

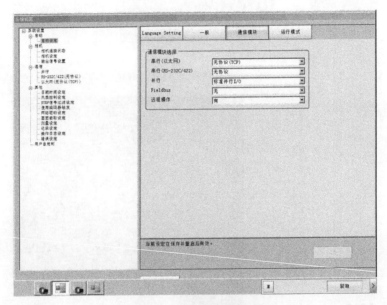

图 6-22 通信模块参数设置

3）返回主界面，单击"保存"按钮，在弹出的对话框中单击"确定"按钮，如图 6-23 所示。

4）选择"功能"→"系统重启"，等待系统完成重启。

5）重启后再次打开系统设置界面，单击"以太网（无协议（TCP））"选项，进行 IP 地址以及端口设置，如图 6-24 所示。

在"地址设定 2"选项中，填入视觉控制器的 IP 地址、子网掩码、默认网关和 DNS 服务器等（一般只需设置 IP 地址即可）。

在"输入/出设定"的"输入/出端口号"选项中，设定用于与传感器控制器进行数据输入的端口编号。此处应设为与主机侧相同的端口号。

设置完成后关闭界面，返回主界面后，重复第 3）步保存工作。

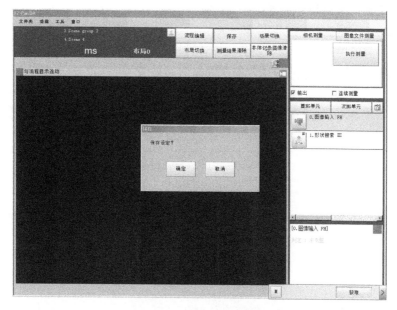

图 6-23　保存通信设置

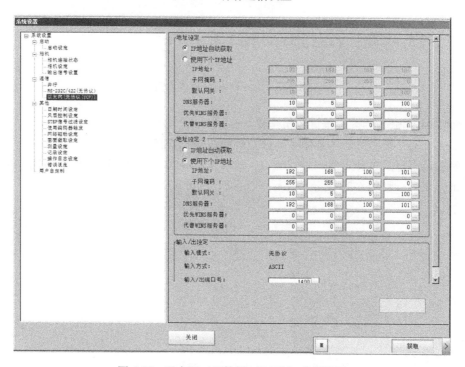

图 6-24　以太网（无协议（TCP））参数设置

五、 通信指令简介

　　本实训台的视觉检测模块，主要任务为 ABB 工业机器人提供检测结果数据。ABB 工业机器人作为主站，通过通信的方式对视觉检测模块进行控制和数据采集。

ABB 工业机器人通信指令主要有以下几类：

1. SocketCreate 创建新套接字指令

SocketCreate 指令用于针对基于通信或非连接通信的连接，创建新的套接字。

带有交付保证的流型协议 TCP/IP 以及数据电报协议 UDP/IP 的套接字消息传送都可以使用该指令。

编程实例：创建一个使用流型协议 TCP/IP 的新套接字，并分配到变量 socket，如图 6-25 所示。

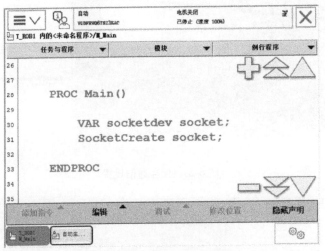

图 6-25　SocketCreate 指令实例

2. SocketConnect 连接远程计算机指令

SocketConnect 指令用于将套接字与远程计算机进行连接。

编程实例：尝试与 IP 地址 192.168.100.101 和端口 1400 的远程计算机相连，连接等待最长时间为 300s，如图 6-26 所示。

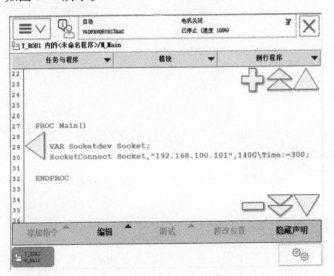

图 6-26　SocketConnect 指令实例

3. SocketSend 向远程计算机发送数据指令

SocketSend 指令用于向远程计算机发送数据。

编程实例：向远程计算机发送"Hello world"消息，如图 6-27 所示。

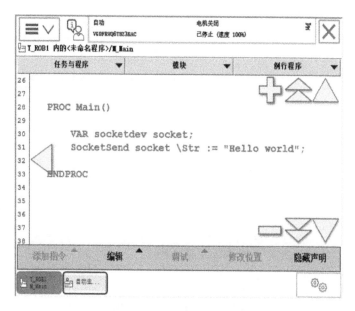

图 6-27　SocketSend 指令实例

4. SocketReceive 接收来自远程计算机的数据指令

SocketReceive 指令用于从远程计算机接收数据。

编程实例：从远程计算机接收数据，并将其存储到字符串变量 str_data 中，如图 6-28 所示。

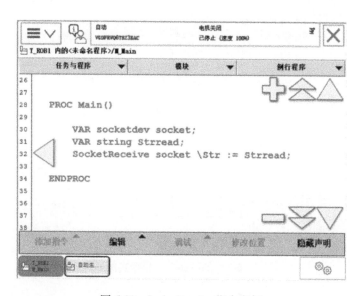

图 6-28　SocketReceive 指令实例

5. StrPart 寻找指定字符位置指令

StrPart（String Part）指令用于寻找一部分字符串，并将它作为一个新的字符串。

编程实例：从字符串中提取第 1 位后面连续 5 位的字符（即 Robot），并赋值给新的字符串变量 part，如图 6-29 所示。

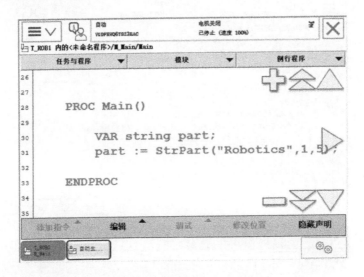

图 6-29　StrPart 指令实例

6. SocketClose 关闭套接字指令

当不再使用套接字连接时，使用 SocketClose 指令来关闭。

编程实例：关闭套接字，如图 6-30 所示。

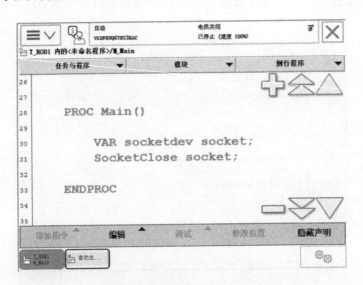

图 6-30　SocketClose 指令实例

ABB 工业机器人与视觉检测模块通信实例见表 6-1。

表 6-1　通信实例

序号	程　序	解　释
1	PROC rCamera（）	
2	SocketCreateSocket;	创建新套接字
3	SocketConnectSocket,"192.168.100.101"，1400\Time：=300;	连接远程计算机
4	TPWrite"socket client initial ok";	显示连接成功
5	SocketSendSocket\Str：="SCNGROUP 0";	触发 CCD 切换场景组 0
6	WaitTime0.5;	等待 0.5s
7	SocketSendSocket\Str：="SCENE 0";	触发 CCD 切换场景 0
8	WaitTime0.5;	等待 0.5s
9	SocketSendSocket\Str：="M";	触发 CCD 拍照
10	WaitTime0.5;	等待 0.5s
11	SocketReceiveSocket\Str：=Strread\Time：=60;	接收 CCD 发送的数据，储存在字符串变量 Strread 中
12	SrtCCD_Result：=StrPart（Strread，1，2）;	变量 SrtCCD_Result 被赋予
13	SocketCloseSocket;	关闭套接字
14	ENDPROC	

任务四　视觉检测工作站编程与调试

【任务目标】

能根据工作任务完成形状、标签、二维码以及串行数据输出等视觉实例任务。

【学习内容】

本任务结合视觉检测原理，利用工作站中的视觉检测模块，对形状、标签、二维码进行检测。

一、视觉检测形状实例

视觉检测具体操作如下：

1）场景组及场景编辑。

2）相机参数设置。

3）通信设置。

4）新建形状搜索Ⅲ流程。

注：1）~4）步的具体操作方法和步骤在项目六任务三中已经介绍，在此不再复述。

5）在流程编辑中，选择形状搜索Ⅲ流程，单击"设定"按钮，然后单击"模型登录"

标签,在"登录图形"选项组中选择相应图形,其余参数使用默认设置;单击"适用";再单击"确定"按钮,如图 6-31 所示。

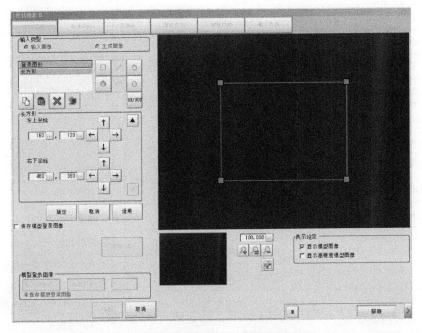

图 6-31　形状搜索Ⅲ—模型登录选项

6)单击"区域设定"标签,在"登录图形"选项组中选择相应图形,其余参数默认;单击"适用"按钮,再单击"确定"按钮,如图 6-32 所示。(注:此选项为相机要搜索的画幅区域,需根据情况调整大小。)

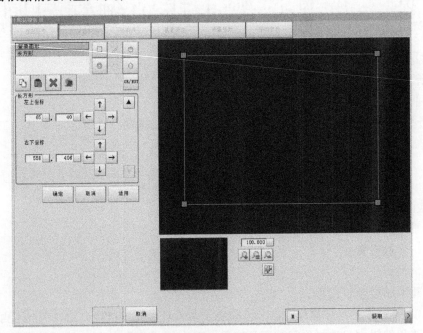

图 6-32　形状搜索Ⅲ—区域设定选项

7）"检测点"与"基准设定"选项卡的内容使用默认设置。单击"测量参数"标签，将"判定"栏的"相似度"的上、下限数值分别更改为"90""100"，其余参数使用默认值。更改完成后单击"确定"按钮即可，如图6-33所示。

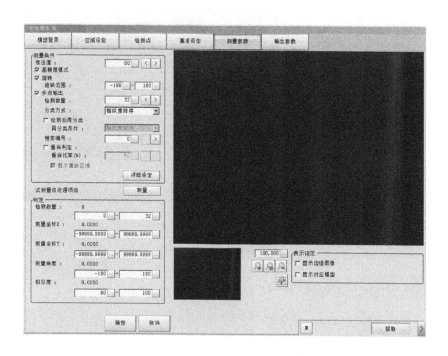

图6-33　形状搜索Ⅲ—测量参数选项

二、 视觉检测标签实例

场景组及场景编辑、相机参数设置、通信设置、新建流程同上。标签检测具体操作如下：

1）在流程编辑中选择标签流程，单击"设定"；单击"标签"图标，进入标签编辑界面；单击"颜色指定"标签，在"颜色指定"栏中勾选"自动设定"；拖动光标在当前拍摄的物体上拾取颜色或者在颜色表中选取颜色；其余参数使用默认设置，如图6-34所示。

2）单击"区域设定"标签，在"登录图形"选项组中选择相应图形，其余参数使用默认设置；单击"适用"按钮，再单击"确定"按钮，如图6-35所示。

3）"掩膜生成"与"基准设定"选项卡使用默认设置；单击"测量参数"，再单击"抽取条件"下拉菜单；选择"面积"，更改"面积"最小值为"1000"其余参数使用默认设置，如图6-36所示。

4）单击"判定"标签，选择"判定条件"选项组，在"0"下拉列表框中选择"面积"；选中"绘制"，并更改"面积"最小值为"1000.0000"，其余参数使用默认设置，最后单击"确定"按钮，如图6-37所示。

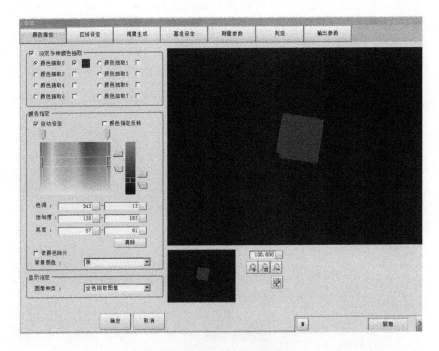

图 6-34　标签—颜色指定选项

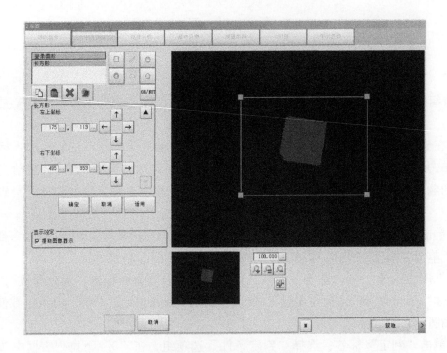

图 6-35　标签—区域设定选项

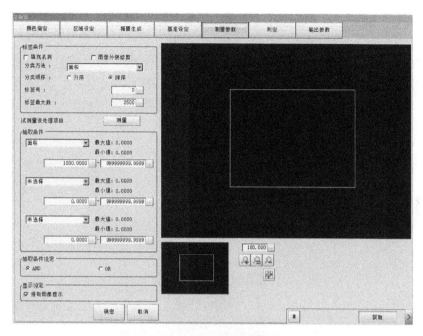

图 6-36 标签—测量参数选项

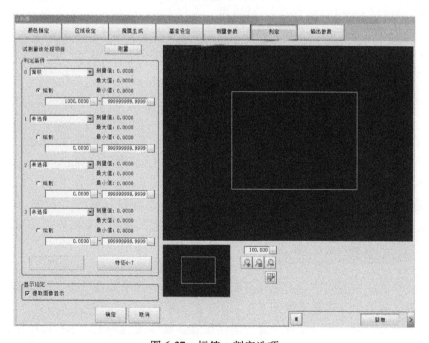

图 6-37 标签—判定选项

三、 视觉检测二维码实例

场景组及场景编辑、相机参数设置、通信设置、新建流程同上。二维码检测具体操作如下：

1）在流程编辑中，选择二维码流程，单击"设定"按钮；单击"区域设定"标签，选择"登录图形"选项组，拖拉右侧显示框把二维码图片圈在显示框内，其余参数使用默认设置，单击"适用"按钮，最后单击"确定"按钮，如图6-38所示。

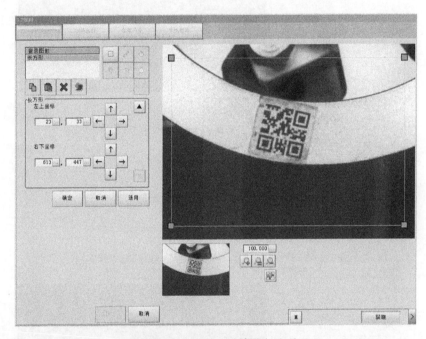

图6-38 二维码—区域设定选项

2）单击"测量参数"标签，单击"示教"按钮；勾选"结果字符串显示"，单击"测量"按钮（说明：若右侧显示框中没有红色提示框，说明二维码识别成功，如果出现报警，则需返回上一步，重新设定检测区域），如图6-39所示。

3）"结果设定"选项卡使用默认设置；单击"输出参数"标签，勾选"字符输出"，选中"以太网"，其他参数默认，更改参数后单击"确定"按扭，如图6-40所示。

四、 串行数据输出实例

视觉检测模块在检测完毕后，往往需要把结果数据输出给其他设备，比如输出给工业机器人。串行数据输出的方法和步骤如下：

场景组及场景编辑、相机参数设置、通信设置、新建流程同上。串行数据输出检测具体操作如下：

1）在流程编辑中，选择串行数据输出流程，单击"设定"按钮，自动弹出"表达式设定"对话框，在对话框中输入"TJG"，单击"确定"按钮，如图6-41所示。

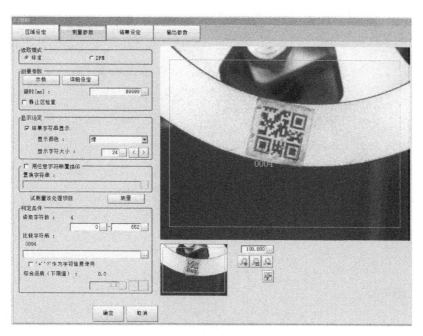

图 6-39　二维码—测量参数选项

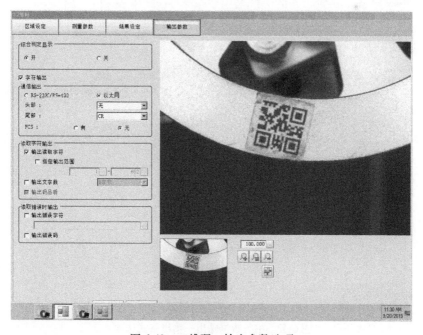

图 6-40　二维码—输出参数选项

2）单击"输出格式"标签，在"输出设定"中选择"通信方式"为"以太网"，选择"输出形式"为"ASCII"，"整数位数"为"2"位数，"小数位数"为"0"位数，"消零"选择"有"，其余参数默认，最后单击"确定"按钮，如图 6-42 所示。

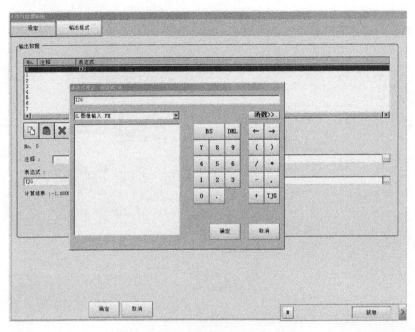

图 6-41　串行数据输出—设定选项

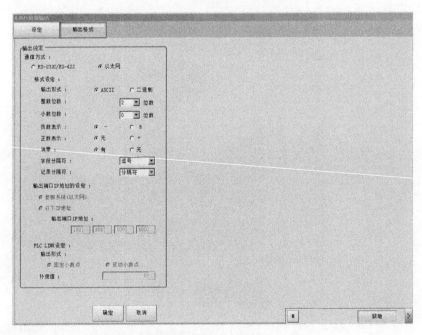

图 6-42　串行数据输出—输出格式选项

习　题

一、填空题

1. 机器视觉检测系统一般由_____、_____、_____、网络通信模块和其他外部辅助设备等组成。

2. 相机镜头主要参数有景深、_____、_____、_____、相对孔径、_____和明亮度等。

3. 视觉相机根据采集图片的芯片可以分成_____和_____两种。

4. 视觉系统按运行环境分类，可分为_____系统和_____系统。

二、简答题

1. 机器视觉的定义是什么？

2. 简述机器视觉的应用领域。

3. 欧姆龙 FH-L550 型控制器的通信方式有哪些？

4. ABB 工业机器人通信指令 SocketCreate、SocketConnect、SocketSend 和 SocketReceive 的作用分别是什么？

5. 简述欧姆龙视觉系统检测形状的一般步骤。

6. 欧姆龙视觉系统检测颜色、二维码分别应新建什么流程？

7. 简述视觉检测结果串行数据输出的一般步骤。

项目七 机器人与PLC通信
PROJECT 7

【模块目标】

了解通信发展历史与常用通信方式；理解点对点通信配置方法，掌握 PLC 端、机器人端点对点配置方法，能完成 PLC 与机器人相关程序编制与调试；理解 PROFINET 通信配置方法，掌握 PLC 端、机器人端配置方法，能完成 PLC 与机器人相关程序编制与调试。

任务一 通信方式认知

【任务目标】

了解通信发展历史与常用通信方式。

【学习内容】

一、通信发展历史

人类进行通信的历史悠久。早在远古时期，人们就通过简单的语言、壁画等方式交换信息。千百年来，人们一直在用语言、图符、钟鼓、烟火、竹简、纸书等传递信息，古代人的烽火狼烟、飞鸽传信、驿马邮递就是这方面的例子。现在还有一些国家的个别原始部落，仍然保留着诸如击鼓鸣号这样古老的通信方式。在现代社会中，交警的指挥手语、航海中的旗语等不过是古老通信方式进一步发展的结果。这些信息传递的基本方式都是依靠人的视觉与听觉实现的。

19 世纪中叶后，随着电报、电话的发展以及电磁波的发现，人类通信领域产生了根本性的巨大变革，实现了利用金属导线来传递信息，甚至通过电磁波来进行无线通信，使神话中的"顺风耳""千里眼"变成了现实。从此，人类的信息传递可以脱离常规的视听觉方式，用电信号作为新的载体，同时带来了一系列的技术革新，开始了人类通信的新时代。

随着电子技术的高速发展，军事、科研迫切需要解决的计算工具也大大改进。1946 年，美国宾夕法尼亚大学的埃克特和莫希里研制出了世界上第一台电子计算机。电子元器件材料的革新进一步促使电子计算机朝小型化、高精度、高可靠性方向发展。1948 年，美国贝尔实验室的肖克莱、巴丁和布拉坦发明了晶体管，于是晶体管收音机、晶体管电视、晶体管计算机很快代替了各式各样的真空电子管产品。1959年，美国的基尔比和诺伊斯发明了集成电路，从此微电子技术诞生了。1967年，大规模集成电路诞生了，一块米粒般大小的硅晶片上可以集成1000多个晶体管的线路。1977年，美国、日本科学家制成超大规模集成电路，30mm² 的硅晶片上集成了13万个晶体管。微电子技术极大地推动了电子计算机的更新换代，使电子计算机显示了前所未有的信息处理功能，成为现代高新科技的重要标志。

为了解决资源共享问题，单一计算机很快发展成了计算机联网，实现了计算机之间的数据通信、数据共享。通信介质从普通导线、同轴电缆发展到双绞线、光纤导线、光缆；电子计算机的输入输出设备也飞速发展起来，如扫描仪、绘图仪、音频视频设备等，使计算机如虎添翼，可以处理更多的复杂问题。20世纪80年代末，多媒体技术的兴起使计算机具备了综合处理文字、声音、图像、影视等各种形式信息的能力，日益成为信息处理最重要和必不可少的工具。

至此，人们可以初步认为：信息技术（Information Technology，IT）是以微电子和光电技术为基础，以计算机和通信技术为支撑，以信息处理技术为主题的技术系统的总称，是一门综合性的技术。电子计算机和通信技术的紧密结合，标志着数字化信息时代的到来。

可编程控制器（PLC）与人们常见的计算机相同，由两部分组成，一是硬件，二是软件，是一种以微处理器为核心的用作数字控制的特殊计算机。通过它的运行可以实现与工业机器人进行通信对接，控制机器人操作程序指令，在工业上得到了很好的应用。PLC因其构件和可编程序功能更符合机器人操作的要求，与它的各方面要求相融洽，因此，在机器人系统中选用PLC有极大的好处，能够实现两者之间的通信连接，实施更合适的作业操作，提高工业效率，增加工业生产率。

在工业机器人系统中采用PLC有其自身的原因和好处，工业机器人不同于其他机器，它是需要可编程来控制的，是为了实现工业机器人与PLC的通信。本项目主要讲述如何实现PLC与工业机器人的通信。

二、 工业机器人的主要通信方式

针对工业机器人，人们一般会关注两个方面，即运动性能及通信方式。运动性能直接决定了机器人是否能够用于特定的工艺，比如精度和速度。通信方式直接决定了机器人能否集成到系统中，以及支持的控制复杂度。通常，机器人支持的通信方式有以下几种。

1）I/O模块：Signal、Group signal。

本地I/O模块是机器人控制柜上最常见的模块之一，或者说是默认必备的模块。常见的有8输入和8输出，或者16输入和16输出，输入、输出信号为模拟量的0V和24V，以及数字量的0和1，在小型系统中用来快速连接电磁阀以及传感器，实现夹具等的控制。

在较复杂的I/O应用中，可以使用交叉功能将数个I/O信号通过固定的逻辑关系组合在一起，通过一个I/O信号来控制，可用类似伪代码的方式举例：set do_1 = set do_2 & reset do_3。此外，ABB工业机器人控制柜的本地I/O参考电平可以从外面接入，以便满足客户对整个控制系统等电平的要求。

在较少的情况下，可以将数个单独的I/O信号合并为一个group（组），用于传输较为复杂的信号，比如数字，这种情况就类似于二进制数。比如4个I/O组合在一起为0100（二进制数），就相当于表示4（十进制数）。其实这种用法并不推荐，一方面，I/O数量有限，能够传递的信息的数量和复杂度都受到很大的限制；此时推荐使用总线，以获得较多的 I/O 信号，当然最优的方式是使用后面提到的基于网络（非总线的 TCP/IP）的方式。

2）总线：PROFINET、PROFIBUS、DeviceNet、Ethernet 等。

工业总线，从系统的角度来说，是用于不同工业设备之间通信的可靠接口，比如机器人和 PLC 的通信；从控制方式的角度来说，是作为普通 I/O 的扩展。

是否使用总线，使用何种总线，一般取决于系统中除机器人系统之外的设备能够支持的通信方式。例如，电气控制系统中的 PLC 支持 PROFINET，而且 PLC 和机器人系统有控制系统的交互，则机器人一般也会选配 PROFINET 通信功能。总线的配置方式各有不同，使用方式基本类似普通 I/O。

3）网络：Socket、PC SDK、RWS（Robot Web Service）、OPC、RMQ（Robot Message Queue）。

4）其他：Confidential。

任务二　点对点通信实例

【任务目标】

理解点对点通信配置方法，掌握 PLC 端、机器人端点对点配置方法，能完成 PLC 与机器人相关程序编制与调试。

【学习内容】

一、I/O 分配与通信对接

1214C PLC、1212C PLC、ABB 工业机器人三台设备之间相互通信，实现通过 1212C PLC 输入按钮控制 1214C PLC 行走伺服电动机的运动，定位距离由 ABB 工业机器人经过 1212C PLC 传送给 1214C PLC。1214C PLC 输入信号见表 7-1，输出信号见表 7-2，1212C PLC 输入信号见表 7-3，1212C PLC 输入信号传递见表 7-4。

表 7-1　1214C PLC 输入信号

Pin	符　号	地　址
1	行走伺服下限	1#I0.0
2	行走伺服原点	1#I0.1
3	行走伺服上限	1#I0.2
4	行走伺服报警	1#I0.3
5	行走伺服定位完成	1#I0.4
6	轴_1_DriveReady	1#I0.5

表 7-2　1214C PLC 输出信号

Pin	符　号	地　址
1	轴_1_脉冲	1#Q0.0
2	轴_1_方向	1#Q0.4
3	轴_1_启动驱动器	1#Q5.0
4	滑轨伺服急停	1#Q5.1

表 7-3　1212C PLC 输入信号

Pin	符　号	地　址
1	启动	2#I2.2
2	停止	2#I2.3
3	复位	2#I2.6

表 7-4　1212C PLC 输入信号传递

Pin	符号	1212 地址	1212 发送信号	1214 接收地址	1214 转换地址
1	启动	2#I2.2	M103.2	M203.2	M20.2
2	停止	2#I2.3	M103.1	M203.1	M20.1
3	复位	2#I2.6	M103.0	M203.0	M20.0

二、　S7-1200 PLC 端设置

1）打开博途软件，双击桌面图标 TIA Portal V15 进入编程软件。单击"新建"按钮，在弹出的"创建新项目"对话框中单击"创建"按钮，如图 7-1 所示。

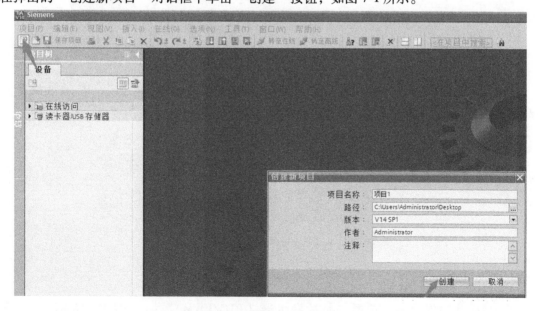

图 7-1　"创建新项目"对话框

2）在左侧设备栏双击"添加新设备"，弹出"添加新设备"对话框，单击"控制器"按钮，选择如图7-2所示的CPU与输入输出模块。

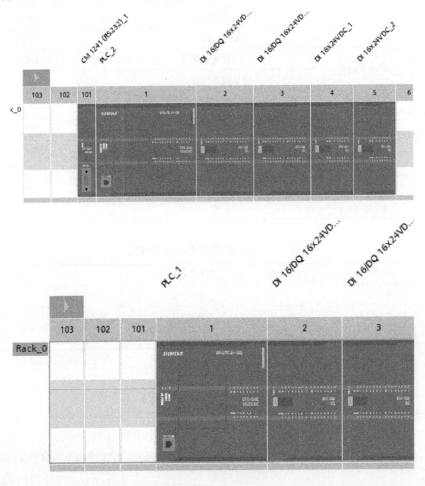

图7-2　硬件组态

3）添加新子网并进行网络IP地址设置。添加新子网"PI/NE_1"，IP地址设置为192.168.0.10与192.168.0.20，如图7-3所示。

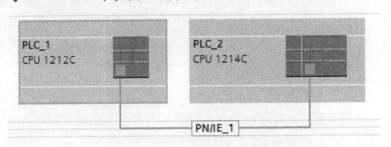

图7-3　PLC的网络IP地址设置

4）启用脉冲发生器。选择"脉冲发生器（PTO/PWM）"→"PTO1/PWM1"，勾选"启用该脉冲发生器"，如图7-4所示。

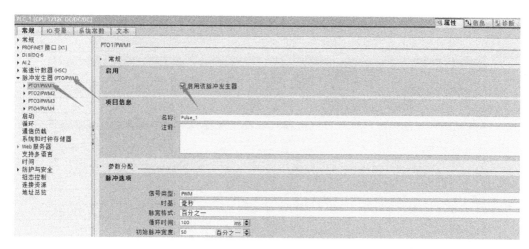

图 7-4　启用脉冲发生器

5）启用系统和时钟存储器。选择"系统和时钟存储器"，并勾选"启用系统存储器字节"和"启用时钟存储器字节"，如图 7-5 所示。

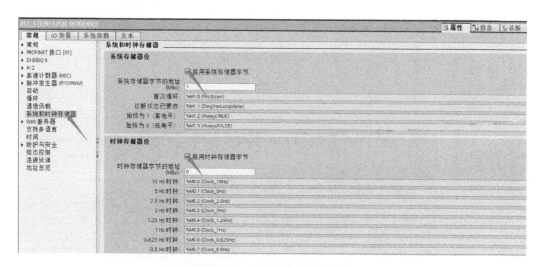

图 7-5　启用系统和时钟存储器

6）添加工艺对象，利用博途软件自带的运动控制模块编程。

①选择"工艺对象"→"新增对象"，如图 7-6 所示。

②选择"运动控制""To_PositioningAxis""自动"，单击"确定"按钮，如图 7-7 所示。

③进行"常规"设置，选择"测量单位的位置单位"为"脉冲"，如图 7-8 所示。

④进行"驱动器"设置，硬件接口参数设置如图 7-9 所示。

⑤进行"机械"设置，如图 7-10 所示。

⑥进行"位置限制"设置，如图 7-11 所示。

⑦进行"动态"中的"常规"设置，如图 7-12 所示。

⑧进行"主动"设置，如图 7-13 所示。

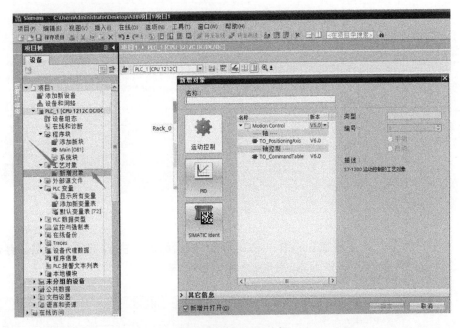

图 7-6　添加工艺对象

图 7-7　运动控制设置

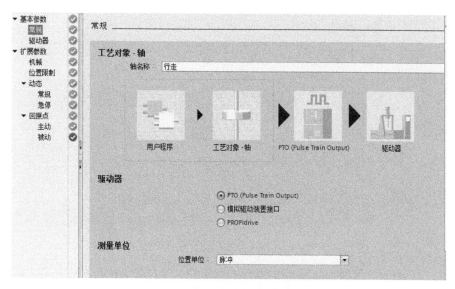

图 7-8　基本参数—常规设置

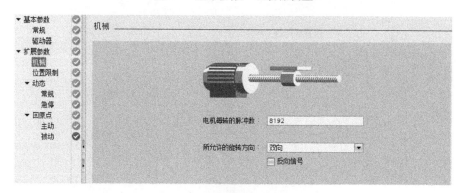

图 7-9　基本参数—驱动器设置

图 7-10　扩展参数—机械设置

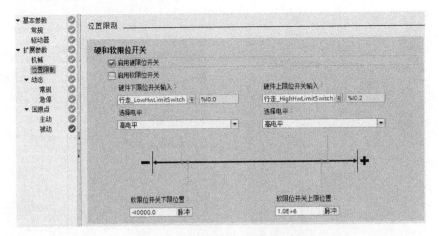

图 7-11　扩展参数—位置限制设置

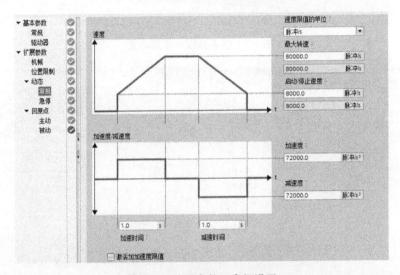

图 7-12　扩展参数—常规设置

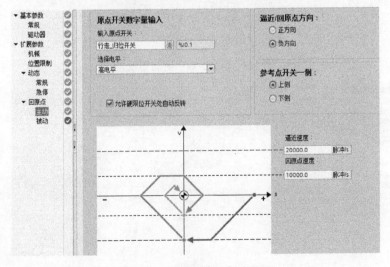

图 7-13　扩展参数—主动设置

三、 ABB 工业机器人端设置

ABB 工业机器人提供了丰富的 I/O 通信接口，可以轻松地实现与周边设备进行通信。ABB 标准 I/O 板提供的常用信号处理接口有数字输入（DI）、数字输出（DO）、模拟输入（AI）、模拟输出（AO）以及输送链跟踪。

依次选择 ABB 菜单→"控制面板"→"配置"→"主题"→"I/O System"→"Signal"→"显示全部"→"添加"，添加 1 个组信号输出、1 个组信号输入，见表 7-5。

表 7-5　ABB 工业机器人信号

序号	组信号	1212C 信号	信号中转	1212C_PLC	1214C_PLC
1	GO_0（0~7）	I5.0~I5.7	MB100	MD100（发送）	MD200（接收）
2	GI_0（0~7）	Q5.0~Q5.7	MB200	MD200（接收）	MD100（发送）

四、 机器人与 PLC 程序

1. 机器人编程

机器人程序见表 7-6，该程序是带有参数的子程序。

表 7-6　机器人程序

序号	程　　序	解　　释
1	PROC xingzou（num weizhi）	
2	SetGO　GO_0, weizhi;	将定位的数值赋值给 GO_0 输出
3	WaitTime 2;	等待 2s
4	WaitGI　GI_0, 60;	等待行走伺服完成信号
5	WaitTime 2;	等待 2s
6	ENDPROC	

2. PLC 编程

PLC 程序如图 7-14~图 7-21 所示。

1）行走伺服 Q5.1 信号处于高电平，保障伺服电动机处于待工作状态（见图 7-14）。

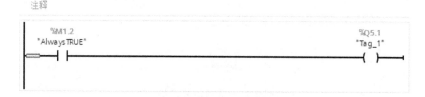

图 7-14　电动机待工作状态

2）行走伺服电动机得电状态（见图 7-15）。

3）行走伺服电动机回原点，必须先回原点才能进行定位（见图 7-16）。

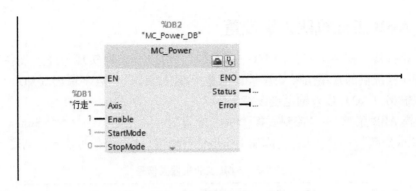

图 7-15　电动机得电

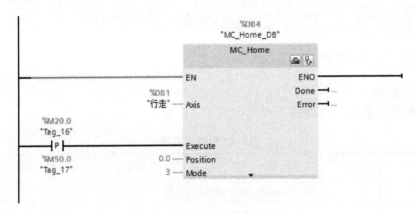

图 7-16　回原点

4）行走伺服电动机绝对位置定位（见图 7-17）。

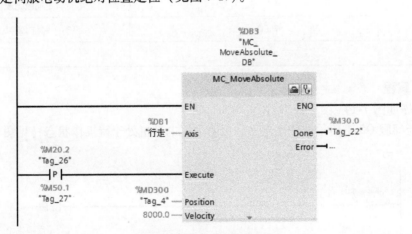

图 7-17　绝对位置定位

5）行走伺服电动机停止（见图 7-18）。

6）定位距离。如图 7-19 所示，其中，60 代表移动到切割模块位置；61 代表移动到工艺模块位置；62 代表移动到视觉模块位置；63 代表移动到装配模块位置 1；64 代表移动到

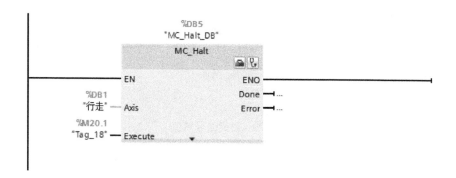

图 7-18　电动机停止

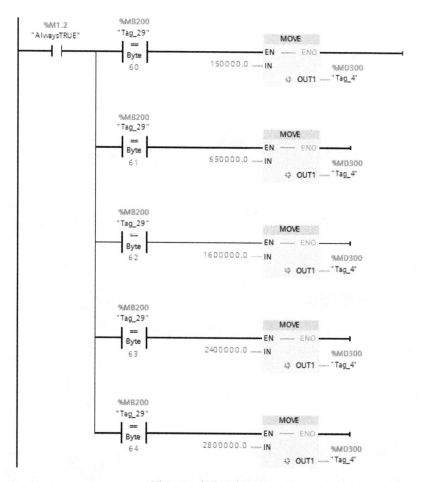

图 7-19　定位距离判断

装配模块位置 2。

7）定位结束反馈信号赋值（见图 7-20）。

8）反馈信号 1s 时钟复位（见图 7-21）。

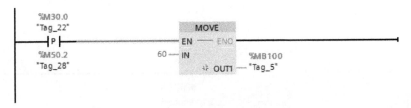

图 7-20　反馈信号赋值

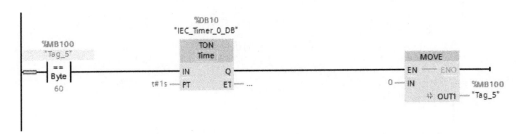

图 7-21　反馈信号复位

任务三　PROFINET 通信实例

【任务目标】

理解 PROFINET 通信配置方法，掌握 PLC 端、机器人端配置方法，能完成 PLC 与机器人相关程序编制与调试。

【学习内容】

一、通信所需硬件

装有博途软件的计算机一台，带有 PROFINET 选项及 GSD（设备描述）文件包的 ABB 工业机器人一台，西门子 S7-1200 PLC 一台，交换机 1 台，网线 3 条。

准备好硬件以后，用网线将 PLC、机器人、交换机及计算机连接起来，如图 7-22 所示。

二、S7-1200 PLC 端设置

1）在左侧设备栏双击"添加新设备"，出现"添加新设备"对话框，单击"控制器"按钮，选择已有的主机，这里以 CPU1212C DC/DC/DC（6ES7 212-1AE40-0XB0）为例，单击"确定"按钮，如图 7-23 所示。

2）单击 PLC 的网口进行网络 IP 地址设置，设置 IP

图 7-22　硬件连接示意图

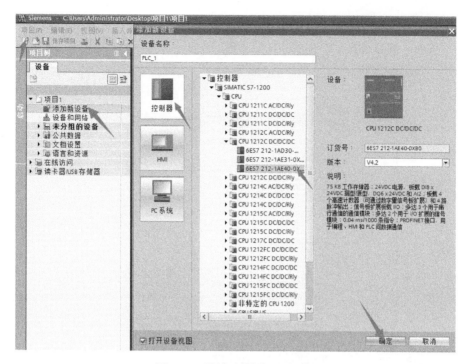

图 7-23 "添加新设备"对话框

地址为 192.168.0.1, 如图 7-24 所示。

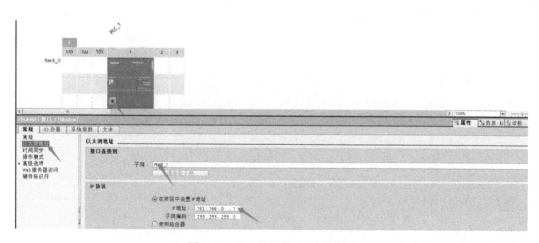

图 7-24 PLC 的网络 IP 地址设置

3) 安装 ABB 工业机器人 GSD 文件: 依次选择"工具栏"→"选项"→管理通用站描述文件→选择保存有 GSD 文件的文件夹→安装, 如图 7-25 所示。

4) 添加 ABB 工业机器人设备: 依次选择"其他现场设备"→"PROFINET IO"→"I/O"→"ABB Robotics"→"Robot Device"→"Basic V1.3", 如图 7-26 所示, 拖入网络视图。

5) 将 PLC 和机器人的网口连接起来, 如图 7-27 所示。

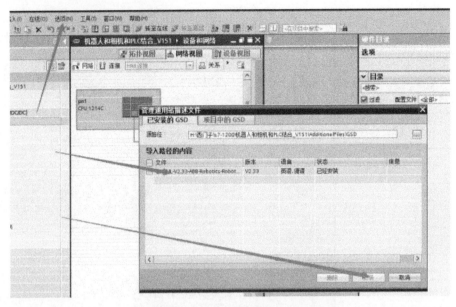

图 7-25　安装 ABB 工业机器人 GSD 文件

6) 双击机器人设备网口进行网络 IP 地址设置，要求机器人的 IP 地址与 PLC 在同一个网段内，例如：PLC 的 IP 地址为 192.168.0.1，机器人的 IP 地址为 192.168.0.2，如图 7-28 所示。

7) 配置通信映像区模块，选择"DI 8 bytes"（8 字节输出模块）、"DO 8 bytes"（8 字节输入模块），如图 7-29 所示。

注意：此处配置的为 8 字节的输出模块、8 字节的输入模块，在机器人示教器上的设置要与之对应。

8) 查看映射地址，如图 7-30 所示。映射地址为：PLC 端的 IB100 ~ IB107 对应机器人端的 QB256 ~ QB263，机器人端的 IB256 ~ IB263 对应 PLC 端的 QB100 ~ QB107。

三、 ABB 工业机器人端设置

1. IP 地址设置

依次选择 ABB 菜单 → "控制面板" → "配置" → "主题" → "Communication" → "IP setting" → "显示全部" → "PROFINET Network" → "编辑"，设置对应 IP 地址为 192.168.10.2，并单击"确定"按钮，如图 7-31 所示。

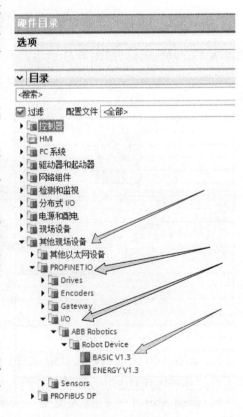

图 7-26　添加 ABB 工业机器人设备

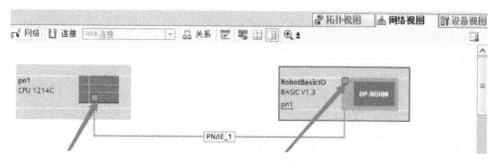

图 7-27　PLC 和机器人的连接

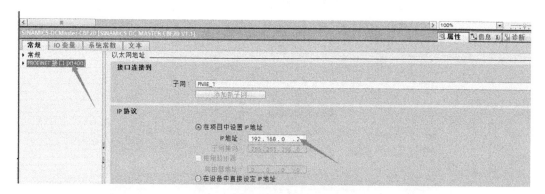

图 7-28　机器人的网络 IP 地址设置

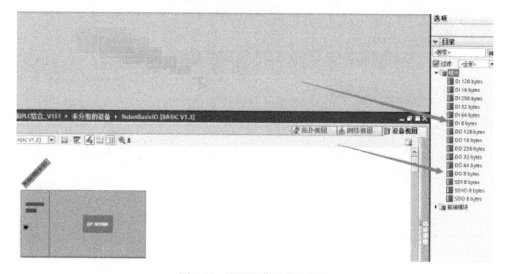

图 7-29　配置通信映像区模块

2. 建立通信板卡添加 PN 从站

依次选择 ABB 菜单→"控制面板"→"配置"→"主题"→"I/O System"→"PROFINET Internal Device"→"显示全部"→"添加"→"使用来自模板的值"→"PN_Internal_Device"，将"Input Size"的值修改为 8，"Output Size"的值修改为 8，修改完成后单击"确定"按钮，如图 7-32 所示。

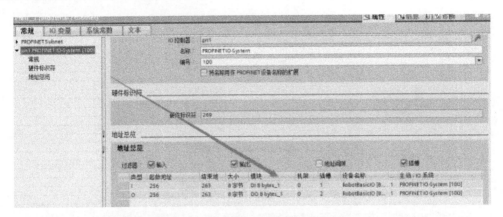

图 7-30 PLC 端与机器人端的映射地址

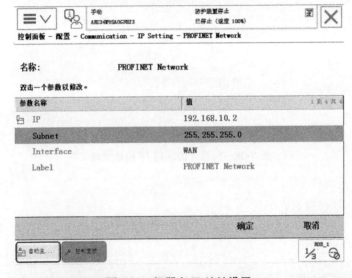

图 7-31 机器人 IP 地址设置

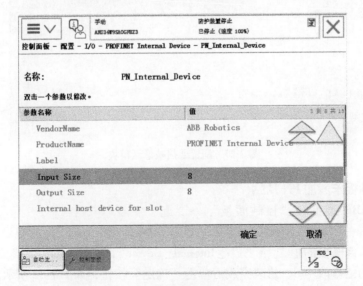

图 7-32 添加 PN 从站

注意:"Input Size"与"Output Size"后面的数字"8"代表通信的数据量,要跟前面提到的在博途软件中配置机器人模块时选择的字节数相对应(在博途软件中配置了8字节,在此处就填"8",如果配置了16字节,那么此处就应该是"16")。其他名称都可以不用更改,直接使用默认名称。

3. I/O 信号配置

依次选择ABB菜单 → "控制面板" → "配置" → "主题" → "I/O System" → "Signal" → "显示全部" → "添加",添加两组信号。

1)Name:设置信号名称,单击后修改为"gix""giy"。

2)Type of signal:选择信号类型,均选择"Group Input",即数组数字量输入。

3)Assigned to device:均选择"PN_Internal_Device"。

4)Device mapping:地址设置为"0~15""16~31"。

以上就是ABB工业机器人的全部设置,完成后即可和西门子S7-1200 PLC进行通信。

习 题

一、填空题

1. 电子元器件材料的革新进一步促使电子计算机朝_____、_____、_____方向发展。

2. 信息技术(Information Technology, IT)是以_____和_____为基础,以_____和_____为支撑,以信息处理技术为主题的技术系统的总称。

3. _____和_____的紧密结合,标志着数字化信息时代的到来。

4. 通信介质从普通导线、同轴电缆发展到_____、_____、_____。

5. 可编程控制器(PLC)由两部分组成,一是_____,二是_____,是一种以_____为核心的用作数字控制的特殊计算机。

二、简单题

1. 如何对ABB工业机器人进行组信号配置?

2. 如何对ABB工业机器人进行IP地址配置?

3. 如何对两台PLC之间的通信进行配置?

参 考 文 献

[1] 叶晖. 工业机器人典型应用案例精析 [M]. 北京：机械工业出版社，2013.

[2] 陈小艳，郭炳宇，林燕文. 工业机器人现场编程：ABB [M]. 北京：高等教育出版社，2018.

[3] 魏志丽，林燕文. 工业机器人应用基础：基于 ABB 机器人 [M]. 北京：北京航空航天大学出版社，2016.

[4] 张春芝，钟柱培，许妍妩. 工业机器人操作与编程 [M]. 北京：高等教育出版社，2018.

[5] 邱葭菲，许妍妩，庞浩. 工业机器人焊接技术及行业应用 [M]. 北京：高等教育出版社，2018.